图说千种树木 6

主 编　孟庆武
纪殿荣
黄大庄

中国农业出版社

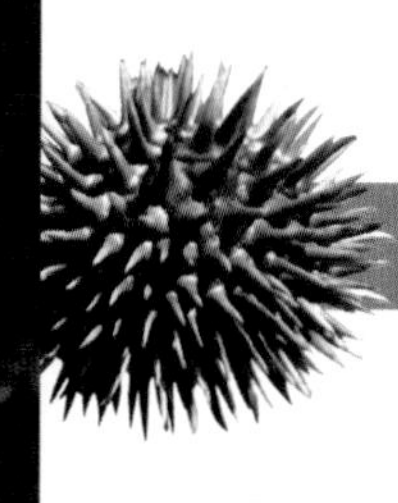

图说千种树木⑥

主　编　孟庆武　纪殿荣　黄大庄

副主编　苏筱雨　杜少华　黄　硕

参　编　吴京民　纪惠芳　孙晓光

闫海霞　宋　珍　徐学华

郑建伟　唐秀光　李彦慧

张晓曼　王君山

摄　影　纪殿荣　纪惠芳　黄大庄

孟庆武　赵佳欣

TUSHUO QIANZHONG SHUMU

前言

树木如海。我国树种资源极其丰富，在已发现的3万多种高等植物中，木本植物有8 000多种。其中，乔木2 000多种，灌木6 000多种，不包括变种和栽培品种，如苹果至少有几百个品种，月季至少有几千个品种，都只算1种。

树木多姿。在自然界中，各种树木千姿百态，如金钱松的叶、玉兰的花、人心果的果、左旋柳的干。名树古树更是绚丽多彩，如洛阳的牡丹、香港的洋紫荆、黄山的迎客松、南京的雪松、北京的侧柏、上海的古银杏、河北的天下第一槐等。

树木是宝。木材是建筑、装饰、家具不可替代的材料；果实是人类不可缺少的粮食、水果、油料；能源植物可以替代石油；药用植物可以治病；森林可以涵养水源，调节气候，美化环境，陶冶情操，增进人类身心健康。

树木是标。树木可以在某种程度上反映其环境，如高寒树种反映海拔高度，树木开花返青反映物候，每年北京西山的山桃花开遍原野时，告诉人们春天来了。同样，树叶红了或黄了的时候，则秋天到来。

树木是再生能源。经营合理，可以做到越用越多，而不会出现枯竭。

树木是魂。树木本身也是文化的象征，如银杏的雄伟，松树的坚定，柳树的灵活，榕树的壮观…… 我国历代文人、墨客的诗词和文学作品中，涉及树木景观之多，不胜枚举。其中很多被誉为“神木”、“树魂”，作为文化遗产加以保护。同时，树木也是一个国家、一个民族精神的象征。北京的市树是槐树和侧柏，因为北京的古槐和古柏不仅多，而且是悠久历史文化的见证。

树，就在我们身边，与我们的生活息息相关。我们应该认识它，了解它，保护它。面对千姿百态、浩如海洋的树木，我们只选择常见的和具有较大经济价值、观赏价值、生态价值或文化价值的树木加以介绍。

《图说千种树木》分6册出版，第1册为裸子植物，其余几册均为被子植物。您足不出户，便可看到生长在高山、丘陵、高原、平原、草原、湿地和荒漠地区树木的千姿百态，并了解它们与人类的紧密关系！

限于我们的专业水平，书中不当之处在所难免，敬请读者不吝指正。

作者

2013.5

目录

本册书介绍的树种均为被子植物。

夹竹桃科树种，一般有毒，尤以种子和乳液毒性强大。含有多种类型的生物碱或苷，是重要的药物原料。

马鞭草科树种，是我国珍贵的用材、水土保持、园林观赏和药材树种。

紫葳科树种，广布于我国热带、亚热带至温带地区，其花朵艳丽，果形奇特，是我国著名的观赏、用材树种。

忍冬科树种，很多为我国著名的园林观赏花木，也是传统的中药材，有重要的经济价值。

竹不仅因为其生长快、成材早、产量高、用途广，而被广泛利用，还因其是刚正不曲、虚怀若谷、高风亮节等品德的象征，而备受人们称颂。

棕榈科树种，风韵独特、姿态优雅，园林用途丰富多彩，是热带、亚热带地区的重要风景树种。

椰子树苍翠挺拔，冠大叶密，是典型的热带风光树种。椰子全身是宝，有“宝树”之称。

王棕高耸挺拔，雄伟壮观，终年青翠，颇具庄严之美，是棕榈科观赏树木中最高大的椰子类植物。

绪

果实是高等植物的重要繁殖器官。果实的形成分为两大类，一类是果皮单纯由子房壁发育而成，称为真果；一类是由其他部分参与果实组成的，如花被、花托以至花序轴，这类果实称为假果，如苹果、凤梨等。

通常果实按果皮的性质来划分，果皮肥厚肉质的，称肉质果；果皮干燥无汁的，称干果；如果果实是由整个花序发育而来的，称为聚花果。

肉质果：

干果：

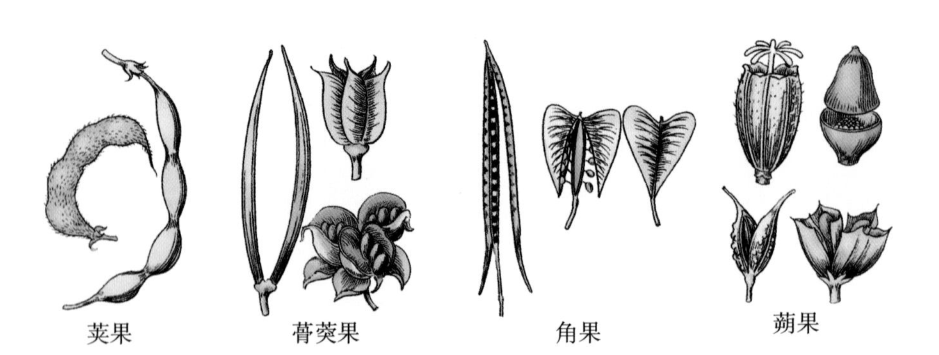

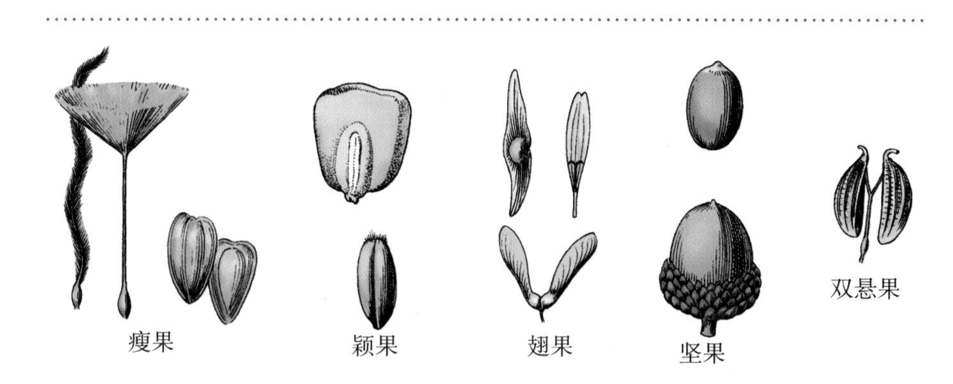

聚合果、聚花果：

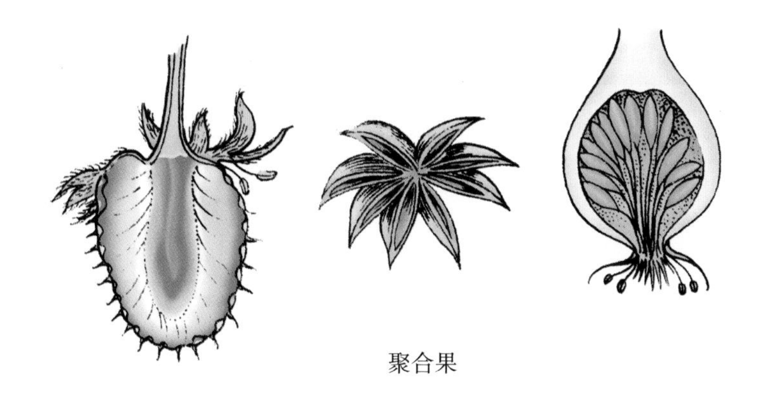

聚合果

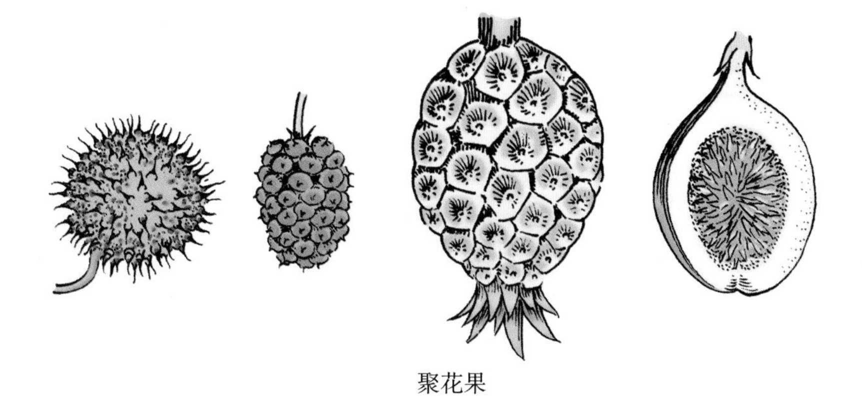

聚花果

黄蝉 *Allemanda schottii* 热带观赏树种

又称黄兰蝉。常绿灌木。花期6～8月，果期10～12月。喜光，喜温暖、多湿的环境，适于肥沃、排水良好的土壤。观花、观叶植物，适于作南方的地被植物。长江以北温室盆栽。抗贫瘠，抗污染，也适于作工矿区的绿化树

夹竹桃科
黄蝉属

高可达2米

叶3～5片轮生，椭圆形或倒卵状长圆形，全缘

聚伞花序顶生，花橙黄色，花冠基部膨大呈漏斗状

原产巴西，我国福建、台湾、广东、海南、广西有栽培种。植株乳液有毒，人、畜中毒会刺激心脏，引起循环系统及呼吸系统障碍，妊娠动物误食会流产，不宜在家庭栽种。以全株入药，有强心作用，外用可杀虫。本属约15种，原产南美洲，现广植于热带及亚热带。

蒴果球形，径3厘米，具长刺

紫蝉的紫红色花

同属植物紫蝉*Allemanda blanchetii*，全株有白色体液。叶4枚轮生，长椭圆形。花腋生，漏斗形，花冠5裂，暗桃红色或淡紫红色，柔美悦目，花期长达3～4个月。

糖胶树 *Alstonia scholaris* 观赏树种

因乳液可提制口香糖而得名。常绿乔木。枝逐级轮生，无毛。花期6～11月，果期10月至翌年4月。喜光，喜高温多湿环境，生命力强，抗风，抗大气污染。树干挺拔，树冠开展，花多浓郁，宜作为行道树和庭荫树。木

夹竹桃科
鸡骨常山属

高可达20米

叶3～8片轮生，倒卵状长圆形

树皮灰白色

产于广西、云南，尼泊尔、印度等地有分布

材纹理直，结构细匀，轻软，易干燥，稍开裂，不耐腐，不抗虫，供制渔网浮子、胶合板芯板、木屐、床板、绝缘材料等用。根、树皮、叶均含生物碱，供药用，治伤风、百日咳、吐泻、跌打肿痛、外伤出血等症。

蓇葖果双生，细长下垂，长20～57厘米

花冠白色，花序被柔毛

海杧果 *Cerbera manghas* 南方观赏树种

又称黄金茄、牛心荔、猴喜欢。乔木。枝绿色，无毛，粗壮，具明显叶痕。花期3～10月，果期11月至翌年春季。生于热带和亚热带海边或近海湿润的地方。叶大花多，芳香，叶深绿色，树冠优美，适于庭园栽培观

夹竹桃科
海杧果属

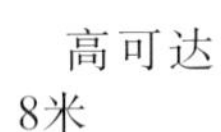
高可达8米

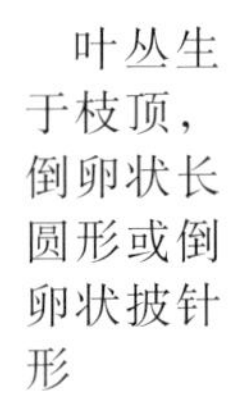
叶丛生于枝顶，倒卵状长圆形或倒卵状披针形

赏或用于海岸防潮。木材质地轻软，用于制作箱柜、木屐和小型器具。果皮含海杧果碱、毒性苦味素、生物碱、氰酸，毒性强烈，人、畜误食可致死。树皮、叶、乳液可制药剂，有催吐、下泻、堕胎效用，用量需谨慎。

聚伞花序顶生，花白色，芳香

核果卵形，熟时橙黄色

夹竹桃 *Nerium indicum* 常见的观叶、观花树种

常绿灌木或小乔木。叶轮生，在枝条下部为对生，窄披针形，长11～15厘米。花期近全年，夏季最盛，果期冬春季。喜光，喜温暖湿润气候。适生于中性土壤。叶片如柳似竹，红花灼灼，胜似桃花，花冠粉红至深红

夹竹桃科
夹竹桃属

高可达5米

叶3～4片轮生，窄披针形

主干直立、光滑，为典型的三叉分枝

蓇葖果长柱形，长10～23厘米，直径1.5～2厘米

原产印度及伊朗，我国各地均有栽培

或白色，有特殊香气，叶色一年四季碧绿，对烟尘及有毒气体有很强吸收能力，为公园、厂矿、行道绿化常见的观赏植物。茎皮纤维为优良混纺原料。叶、茎皮可提制强心剂，毒性强，人、畜误食能致死，需慎用。

玫红重瓣夹竹桃，聚伞花序顶生，花萼直立，花重瓣深红色，芳香

白花夹竹桃，花白色

常见栽培变种有：白花夹竹桃 *Nerium oleander* ‘Album’，花单瓣，白色；玫红重瓣夹竹桃 *Nerium oleander* ‘Splendens’，花重瓣，红色。夹竹桃是最毒的植物之一。香港曾有因用夹竹桃枝烹调食品或搅拌粥品而致死的案例。在印度更有多宗以吃夹竹桃自杀的案例。

鸡蛋花 *Plumeria rubra* 'Acutifolia' 南方香料树种

花冠外面乳白色，中心鲜黄色，极似蛋白包裹着蛋黄，因此得名。又称缅栀子。落叶灌木或小乔木。枝粗壮。有红、黄两种花色。蓇葖果双生，圆筒形，长约11厘米，径约1.5厘米。花期5～10月。喜高温、高湿的

夹竹桃科
鸡蛋花属

高可达5米

枝粗而带肉质，三叉状分枝，有乳汁

在热带旅游胜地夏威夷，人们喜欢将采下来的鸡蛋花穿成花环作为佩戴的装饰品，因此鸡蛋花又是夏威夷的节日象征。

原产墨西哥，我国广东、广西、云南、福建栽培

环境。能耐干旱。喜酸性沙壤土。花白色黄心，芳香，叶子大，呈深绿色，树形美观，常栽培供观赏。花香，可提香料，或晒干后供制饮料和药用，有去湿之功效。木材白色，质轻而软，可制乐器、餐具或家具。

花数朵聚生于枝顶，花冠漏斗状，5裂；5片花瓣轮叠而生

红鸡蛋花的玫瑰红色花

在我国，鸡蛋花不仅被广东省肇庆市定为市花而备受尊崇，更是热情的西双版纳傣族人招待宾客最好的特色菜。

单叶互生，常集生枝顶

萝芙木 *Rauvolfia verticillata* 药用树种

又称山马蹄、鱼胆木、刀伤药。常绿灌木，具乳汁，茎下部枝条有圆形淡黄色皮孔，上部枝条有棱。聚伞花序顶生，花萼5深裂，花冠高脚碟形，白色。花期2～10月，果期4月至翌年春季。生于低山区丘陵地或溪边的

夹竹桃科
萝芙木属

高可达3米

产于我国广西、广东、台湾、云南、贵州，越南有分布

灌木丛及小树林中。稍耐阴，喜温暖湿润气候，不耐寒。根含利血平、萝芙木碱、蛇根碱等20余种生物碱，总含量1%～2%。叶含阿立新碱和刺槐素。根、叶药用，治高血压、头晕、失眠、癫痫、蛇咬伤、跌打损伤等症。

3～4片叶轮生，质薄而柔，长椭圆状披针形

同属植物四叶萝芙木*Rauvolfia tetraphylla*，叶4片轮生，叶厚，革质。核果圆球状，绿色转红色，成熟时黑色。

四叶萝芙木幼果

四叶萝芙木的核果

黄花夹竹桃 *Thevetia peruviana* 园林绿化树种

常绿大灌木或小乔木。树皮棕褐色，皮孔明显。小枝下垂，具乳汁。花期5～12月，果期8月至翌年春季。喜光，喜温暖湿润气候，耐旱，稍耐轻霜，对土壤要求不严。枝叶秀丽，花色艳黄，花期长，开花近7个月，抗空

夹竹桃科

黄花夹竹桃属

高可达5米

核果扁三角状球形，直径2.5～4厘米，内果皮木质，新鲜时亮绿色，干后黑色

原产美洲热带，我国台湾、福建、云南、广西和广东有栽培

气污染的能力较强，是不可多得的园林绿化树种。种仁含黄夹苷，剧毒，有强心、利尿、祛痰、发汗、催吐、消肿作用，主治各种心脏病引起的心力衰竭。种子含油量约44.8%，为不干性油，供制肥皂、杀虫剂和鞣革用油。

叶互生，条形或条状披针形，全缘

聚伞花序顶生，花漏斗状，黄色

杠柳 *Periploca sepium* 垂直绿化和防护林树种

又称羊奶子、羊角桃、钻墙柳。落叶缠绕性木质藤本。全株光滑无毛，具白色乳汁。小枝棕褐色，有光泽。聚合蓇葖果双生，细长圆柱状稍弯曲，长7～12厘米，无毛，有纵条纹。花期5～6月，果期7～9月。阳

萝藦科
杠柳属

高可达2米

木质藤本

原产我国，分布于东北、华北、西北地区，多野生性，耐寒，耐瘠薄。深根、耐旱。在干旱山坡、沙地、砾石山坡、红土、碱性土和海滨均能生长。对二氧化硫的吸收量高，是垂直绿化和营造防护林、水土保持林的重要树种。

单叶对生，叶近革质，卵状披针形，全缘

杠柳茎皮有毒，曾代五加皮，用于制作五加皮酒，但稍过量饮用即可引起中毒。杠柳皮对各种心力衰竭有一定疗效，但有恶心、呕吐、腹泻等副作用，用量大时会引起心动过缓。

聚伞花序腋生，花冠紫红色

基及树 *Carmona microphylla* 南方优良绿篱树种

又称福建茶。灌木多分枝。单叶互生，叶片匙状倒卵形，长1～5厘米。聚伞花序，花冠白色。核果球形，熟时红色或黄色。原产亚洲南部，我国福建、台湾、广西栽培。

紫草科
基及树属

高可达3米

前排球形绿篱为基及树

叶密，革质，深绿色，耐修剪，为优良的绿篱树种

基及树的绿色造型景观

白棠子树 *Callicarpa dichotoma* 观赏和药用植物

落叶小灌木。聚伞花序，花萼杯状，花冠淡紫色，花萼无毛。喜光，耐阴，喜温暖湿润气候，较耐寒。自然生于低山区的溪边或山坡灌木丛中。原产我国，分布于黄河流域以南广大地区。

马鞭草科
紫珠属

高可达2米

小枝带紫色，纤细

秋季果实累累，紫堇色的果实明亮如珠，果期长，是优良的观果灌木。庭院或公园可丛植于园路旁。

叶对生，倒卵状长椭圆形，叶缘上半部有锯齿。果浆果状，球形，熟时紫色

日本紫珠 *Callicarpa japonica* 优良观果灌木

落叶灌木。花期6～7月，果期8～10月。喜光，喜温暖湿润气候，较耐寒。常生于低山区的溪边山坡灌丛中。果实紫色，明亮如珠，果期长，是优良的观果灌木。原产我国，分布于华北以南广大地区。

马鞭草科
紫珠属

高可达2米

核果球形，紫色

叶卵状椭圆形至倒卵形，长7～12厘米，基部以上有细锯齿

聚伞花序，2～3次分枝，花冠白色或淡紫色

臭牡丹 *Clerodendrum bungei* 优良地被植物

因叶子有臭味而得名。落叶灌木。花果期6～11月。喜阳光，耐寒。分布于我国华北、西北及西南等广大地区，印度、越南也有。绿色浓重的叶和红色的花，极富观赏价值，各地园林中多有栽培。

马鞭草科
大青属

高可达3米

叶对生，广卵形，长10～20厘米，边缘有锯齿

头状聚伞花序，顶生密集，花冠淡红色或紫红色，微香

核果近球形，熟时蓝黑色

赪桐 *Clerodendrum japonicum* 园林绿化树种

又称百日红、荷包花。落叶灌木。全株近光滑。小枝节上密生长柔毛。核果椭圆形，蓝黑色。花果期5～11月。喜温暖湿润气候，不耐寒冷，生长适温为23～30℃，要求较充足阳光。自然多生于平原、山谷、溪

马鞭草科
大青属

高可达4米

叶对生，圆心形，上面深绿色而粗糙

产于我国南部，日本、印度也有

边或疏林中。花艳丽如火，花期长，主要用于公园、楼宇、人工山水旁的绿化，成片栽植效果极佳。全株药用，消肿散瘀，治跌打、心动过速，还可作催生药。根和叶可作皮肤止痒药。花治外伤出血。

顶生聚伞圆锥花序，花冠红色，雄蕊伸出，雄蕊和花柱较花冠筒长3倍

繁花似锦的赪桐树花序

海洲常山 *Clerodendrum trichotomum* 特色观赏树种

落叶灌木或小乔木。干皮灰褐色，光滑，冬芽叠生。嫩枝近四棱形，被短柔毛，枝髓淡黄色薄片状横隔。单叶对生，叶片宽卵形，长5～16厘米。叶柄长2～8厘米。花期6～8月，果熟9～10月。喜光，也稍耐阴，喜

马鞭草科
大青属

高可达8米

单叶对生,叶片宽卵形，长5～16厘米

聚伞伞房花序顶生或腋生，花冠白色略带粉红色，宿存

产于华北、华东、中南、西北各地，日本、菲律宾有分布

凉爽、湿润的环境。对土壤要求不严，无论酸性、中性、石灰性或轻盐碱土壤均可良好生长。抗寒、抗旱和抗有毒气体。华北地区的山野丘陵、荒坡沟谷常见。根、茎、叶均能入药，可治疗高血压、风湿等症。

核果球形，熟时蓝紫色，光亮，并为宿存的紫红色萼片所包围

从6月下旬开始白色花冠罩满枝头，且香气四溢；到了8月下旬，蓝紫色的核果为宿存的红色花萼所包围，仍如朵朵红花鲜艳照人，是极富特色的观赏树种。

假连翘 *Duranta repens*

观花、观果树种

常绿灌木。枝条有皮刺，幼枝有柔毛。叶对生，卵状椭圆形或卵状披针形，纸质，边缘有锯齿。花期4～12月，果期全年。喜光，亦耐半阴。耐水湿，不耐干旱。对土壤的适应性较强。总状果序，悬挂枝头，橘红色或金

马鞭草科
假连翘属

高可达4米

枝条较长，常平卧或下垂

原产美洲热带，我国华南地区多有栽培

黄色，有光泽，如串串金粒，经久不脱落，极为艳丽，为重要观果植物，可作绿篱、绿墙、花廊，或悬垂于石壁、砌墙上，均很美丽，也可作盆栽，或修剪培育作桩景，效果尤佳。果入药，治疟疾，叶捣烂可敷治痈肿。

花小，高脚碟状，蓝紫色

核果球形，黄或橙黄色

花叶假连翘叶枝

金叶假连翘植株

栽培品种金叶假连翘 *Duranta repens* ‘Golden Leaves’，叶金黄色。花叶假连翘 *Duranta repens* ‘Variegata’，叶缘有不规则白或淡黄色斑。

冬红 *Holmskioldia sanguinea* 园林绿化植物

又称阳伞花、帽子花。常绿灌木。一般园林栽培。叶对生，卵形，渐尖，长达10厘米，近全缘，具柄。花期冬末春初。喜光，喜温热湿润的气候。枝条伸长具蔓性，可修剪成灌木。适用于花架、花廊或盆栽。

马鞭草科

冬红属

高可达7米

原产喜马拉雅山，我国南方有栽培

聚伞花序腋生或聚生于枝端，花萼砖红色或橙红色

花色鲜艳，花萼扩展形似帽檐

马缨丹 *Lantana camara*

观赏植物

因花色变化大，有黄、橙黄、红、粉红等色，故又称五色梅。多年生蔓性灌木。茎枝方柱形，通常有短而下弯的细刺和柔毛。核果圆球形，直径4毫米，成熟时紫黑色。全年开花，盛花期在夏季。喜光，喜温暖湿润气

马鞭草科
马缨丹属

高可达2米

叶对生，卵形，具圆锯齿；花小，无梗，密集成腋生头状花序，具长总梗

红色花

马缨丹花色美丽，观花期长，抗尘、抗污力强，华南地区可植于公园、庭院中作花篱、花丛，也可作绿化树种。盆栽可置于门前、厅堂、居室等处观赏，也可组成花坛。

原产美洲热带，我国广东、海南、福建、台湾、广西有栽培候。为有毒植物，香港曾有多例儿童误食报道，可致死。根、叶和花亦入药。根可治久热不退、风湿骨痛、腮腺炎、肺结核。茎叶煎水洗治疥癞、皮炎。鲜花、叶捣烂外擦治跌打损伤。

紫色花

红黄相间花

紫黄相间花

柚木 *Tectona grandis* 世界公认的名贵用材树种

常绿乔木。小枝四棱形，被星状毛。圆锥花序顶生，长25～40厘米，花萼钟状，被白色星状绒毛，花冠白色，芳香。花期5～8月，果期11月至翌年1月。喜生于气候暖热、干湿分明的季雨地区。喜光。根系浅，易受风害。

马鞭草科
柚木属

高可达40米

树形高大，荫浓花香，多作庭荫树和园景树

树皮淡灰至灰色，浅纵裂

原产印度、缅甸，我国福建、广东、广西有栽培

速生，云南瑞丽，15年生孤立木，胸径27.4厘米，25年生，胸径43.9厘米，西双版纳有100年大树，胸径1.24米。要求土层深厚、肥沃湿润及排水良好的沙质壤土。植株药用，主治水肿、脾胃湿热出现的恶心、呕吐等症。

叶对生，极大，卵形或椭圆形，背面密被灰黄色星状毛

因柚木含有极重的油质，故材质不变形，且带有一种特别的香味，能驱蛇，虫，鼠，蚁。更为神奇的是它的刨光面因光合作用而氧化成金黄色，时间愈长愈美丽。在缅甸、印度尼西亚被称为“国宝”。在欧洲，是身份的象征，多被用来制作皇家家具。是世界公认的名贵树种，被誉为“万木之王”。

核果球形

黄荆 *Vitex negundo* 优良的水土保持树种

落叶灌木或小乔木。小枝四棱形，密生灰白色的细绒毛。掌状复叶，对生。叶子搓揉后会有刺鼻的气味。核果卵状球形，黑色。花期4～6月，果期7～10月。喜阳光充足，耐半阴，耐寒、耐旱、耐瘠薄，萌蘖力强，耐

马鞭草科

牡荆属

高可达5米

掌状复叶对生，小叶通常5枚，卵状长椭圆形至披针形

荆钗布裙，以黄荆枝为髻钗，以粗布为裙。形容妇女装束朴素。负荆请罪，廉颇背着的荆杖就是黄荆的枝条。

原产非洲和亚洲东南部，我国南北均有分布

修剪。园林中可在池塘边坡地栽植。也可作盆景、根雕观赏。还是良好的蜜源植物。叶、茎、根及果实入药，具解热、治风湿、消疮肿的功能。纤维组织是造纸的优良材料。干叶片点燃后的特殊气味，有蚊香驱虫之效。

聚伞圆锥花序顶生，花冠淡紫色，外面有绒毛

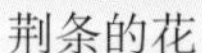

荆条的花

荆条的核果

本种变种荆条*Vitex negundo* var. *heterophylla*，落叶灌木。5～7出掌状复叶，叶缘浅裂或深裂，背面被灰白色柔毛。花萼钟状，具5齿裂，宿存；花冠蓝紫色，二唇形。核果球形。花期6～8月，果期7～10月。我国北方地区广为分布，常生于山地阳坡上，形成灌丛，资源极丰富。为优良的蜜源植物。

木本香薷 *Elsholtzia stauntonii* 观赏灌木

又称华北香薷。落叶灌木。全株有芳香气味，小枝与叶片均被微毛。小坚果椭圆形。花期8～10月。喜光，也耐阴；耐寒，耐旱，耐贫瘠土壤。宜生于肥沃湿润而排水良好的土壤。自然生于河滩、溪边、草坡及石山上。株高可达1米

唇形科
香薷属

花小而密，顶生总状花序，花冠淡紫色

北京地区夏季观花的木本植物较少，而木本香薷正好是夏季花期。又因其栽培管理容易，因此在北京的公园中应用较多。香山公园在草坪上栽种了一些，开花时，绿草地上一点点粉红，蝴蝶、蜜蜂在花丛中翩翩起舞，营造出自然、和谐的生态景象。中国科学院植物园、北京植物园的园路两旁零星地点缀了一些木本香薷，没有刻意感，好似自然生长，增加了几分随意的效果，使整个园路景色不再单调。在奥运公园中亦进行了大量的应用。

分布于我国华北、西北

形健壮，具香气，其花期正值少花季节，色彩淡雅，颇有静趣。适宜种植在公园、庭园湖畔、溪边及林缘、草坪上。还可作林下地被。叶揉碎后有强烈的薄荷香味儿，可作香料植物栽植，开花时能吸引蜜蜂和蝴蝶前来采蜜。

单叶对生，菱状披针形，长10～15厘米

夜香树 *Cestrum nocturnum* 南方庭院绿化植物

因晚间花香味特浓而得名。常绿灌木。枝初直立，后俯垂。小枝具棱，无毛。单叶互生，纸质，多长圆状卵形，长5～15厘米。花期7～10月，果期翌年4～5月。喜阳光充足、通风良好的环境。北方需室内越冬，

茄科

夜香树属

高可达3米

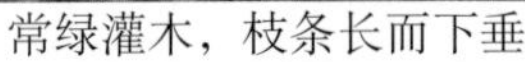

常绿灌木，枝条长而下垂

伞房状聚伞花序顶生或腋生，长7～10厘米，花冠绿白至淡绿色

原产南美，我国南方常见栽培，北方盆栽

温度要在5℃以上。枝俯垂，花期长而繁茂，夜间芳香，果期长，富观赏价值。南方温暖地区可用于天井、窗前、墙沿、草坪等处，也用作切花。北方盆栽观赏，不宜长时间放室内，其气味有碍人体健康。

浆果长圆形，径4～6毫米，熟时雪白色

每逢夏秋之间，夜香树绽开一簇簇黄绿色的吊钟形小花，当月上树梢时它即飘出阵阵清香，这种香味，令蚊子害怕，是驱蚊佳品。

枸杞 *Lycium chinense* 观赏、药用植物

落叶灌木。分枝多，细弱，常俯垂，淡灰色，有棘刺。单叶互生，卵形，叶片长可达10厘米，全缘。花在长枝上单生或双生于叶腋；在短枝上则同叶簇生。花期5～10月，果期6～11月。喜阳光，喜温暖，较耐寒，

茄科
枸杞属

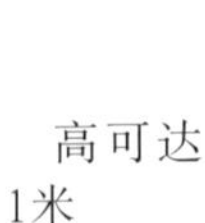

高可达1米

枝多下垂

花冠漏斗状，5深裂，淡紫色

原产我国黄河流域以南地区，朝鲜、日本及欧洲有栽培

在气候凉爽地区能生长良好。花果期长，入秋红果满枝，为重要的观果植物，宜在堤岸、石溪、林下栽植，也可作绿篱、盆景，效果均佳。为名贵药材，果、叶、根皮药用，有滋肝补肾、生精益气、祛风明目等功效。

浆果卵形或椭圆形，深红色或橘红色

紫色花

同属植物宁夏枸杞*Lycium barbarum*，粗壮灌木，高达2.5米。花冠为紫色。产于我国西北、华北。果实为名贵中药材，称枸杞子，味甘甜，营养丰富，可浸制枸杞酒、熬制枸杞膏。

浆果卵形或宽椭圆形

鸳鸯茉莉 *Brunfelsia acuminata* 南方观花灌木

又称双色茉莉。单花开放5天左右，初开为蓝紫色，渐变为雪青色，最后变为白色，由于花开有先后，在同株上能同时见到蓝紫色和白色的花，故得名。常绿灌木。茎深褐色，周皮纵裂。花期4～10月。喜温暖、

茄科
鸳鸯茉莉属

高可达1.5米

叶互生，长披针形，长5～7厘米，纸质，全缘

原产美洲热带，在我国华南可地栽，全国均可盆植

湿润、光照充足的气候条件，喜疏松肥沃的土壤，耐半阴，耐干旱，耐瘠薄，忌涝，畏寒冷，生长适温为18～30℃。分枝多，一树双色花，且芳香，适用于楼宇、庭院、公园等地点缀或作花篱，亦可盆栽观赏。

花单生或数朵聚生，初开时蓝紫色，渐而变淡蓝至白色

毛泡桐 *Paulownia tomentosa* 常见优良绿化树种

又称紫花泡桐。落叶乔木。树冠宽大，伞形或扁球形。花期4～5月，果期9月。喜光，耐旱，耐盐碱，耐风沙，抗性很强。耐热，高温38℃以上生长才会受到影响。耐寒，在−25℃低温时才会受冻害。速生。树冠开张，

玄参科
泡桐属

高可达20米

树皮淡灰至深灰色，老时浅纵裂

毛泡桐和泡桐的花、叶、根皮药用，有祛风止痛、消毒、消肿的药效，可治上呼吸道感染，支气管肺炎，急性扁桃体炎，菌痢，急性肠炎，急性结膜炎，腮腺炎，疖肿。

中国特产，主要分布于东北、华东、华中及西南

4月间盛开簇簇紫花，清香扑鼻。叶大，叶片被毛，分泌一种黏性物质，能吸附大量烟尘及有毒气体，是城市绿化及营造防护林的优良树种。材质优良，较坚韧，隔潮、隔热，耐腐性强，是做乐器和飞机部件的好材料。

叶片广卵形至卵形，被绒毛

花冠紫色，漏斗状钟形

毛泡桐树姿优美，冠大荫浓，簇簇鲜紫花先叶开放，清香宜人。叶片被毛，分泌一种黏性物质，能吸附大量烟尘及有毒气体，是城镇绿化及营造防护林的优良树种。

蒴果卵圆形，先端锐尖，外果皮厚

炮仗竹 *Russelia equisetiformis* 南方观赏灌木

又称爆竹花、吉祥草。常绿披散状半灌木。茎枝纤细，无毛，有纵棱，绿色，枝在节处轮生。花期春、夏季。蒴果球形。喜温暖湿润和半阴环境，也耐日晒，不耐寒，越冬温度5℃以上。不怕水湿，耐修剪。

玄参科
炮仗竹属

高可达1米

茎枝纤细，分枝多，绿色，具纵棱，在节处轮生

炮仗竹花架景观

原产墨西哥，我国南方引种栽培

聚伞圆锥花序，红色，花冠长筒形，鲜红色

炮仗竹的花鲜红，细小长筒状，小巧玲珑、曼妙可爱，成串地挂在下垂的枝条上，犹如细竹上挂满了红鞭炮，因而得名。花期很长，尤其在夏季开得最为红火，明媚艳丽，热力四射。

叶退化成披针形的小鳞片

美国凌霄 *Campsis radicans* 优良的大型观花藤本植物

落叶藤本。有很多簇生的气生根。叶背脉间有毛。自然花期集中在5～6月和9～10月两个阶段。喜温暖，喜充足的阳光和肥沃而排水良好的沙质壤土。比较耐寒。对土壤要求不严。枝叶繁茂，花色鲜艳，花形

紫葳科
凌霄属

长可达10米

藤本植物，藤长可达10米或更长

原产北美洲，我国华中、华东、广西有栽培

美丽，深受人们喜爱。由于攀附能力强，能在棚架、廊架、枯树、假山或墙垣等处吸附生长，扶摇直上，红花灿烂如云霞，构成垂直绿化的景观，故为城市垂直绿化树种的佼佼者。又是优良的绿化庇荫植物。

聚伞状圆锥花序着生枝顶，花序繁茂紧密，花橙红色

奇数羽状复叶，对生

蒴果筒状长圆形，先端喙尖

美国凌霄与同属植物凌霄*Campsis grandiflora*的主要区别是：前者的小叶大多为9～13枚，萼筒无棱，着花繁茂，花期10月，在我国各地广为栽培。后者的小叶7～9枚，大多数为9枚，花稍大，萼筒漏斗状钟形，上面还有5个棱，是其重要特征。

楸树 *Catalpa bungei* 优良园林绿化、用材树种

高大落叶乔木。树皮灰褐色、浅纵裂。种子扁平，具长毛。花期5～6月。自花不孕，往往开花而不结实。萌蘖性强，侧根发达。耐烟尘、抗有害气体能力强。固土防风能力强，耐寒耐旱，是农田、铁路、公路、沟坎、河

紫葳科

梓树属

高可达30米

树干通直

叶对生或3枚轮生，三角状卵形，长6～15厘米，全缘或有3裂片

总状花序伞房状排列，花序有花2～13朵，花冠白色，内有紫色斑点

原产我国，长城以南广大地区栽植

道防护的优良树种。也是庭院观赏、道路绿化、优质用材树种。唯其“材”貌双全，自古就有“木王”之美称。寿命长，安徽省临泉县有一株600年以上的古楸，树高25米，胸径2.12米，材积20立方米左右，堪称楸树之王。

梓树的树姿

梓树的顶端3裂叶片

梓树的淡黄色花冠

黄金树的树姿

黄金树的白色花冠

同属植物梓树*Catalpa ovata*，高可达15米，树干通直，产于我国长江流域以北地区。同属植物黄金树*Catalpa speciosa*，高达30米。叶上面无毛，下面密生短柔毛。原产美国中部，我国广为栽培。

灰楸 *Catalpa fargesii* 优良庭院观赏和行道树种

落叶乔木。幼枝、花序、叶柄均被分枝毛。花期5～6月，果期9～10月。喜温暖湿润气候，喜光，耐寒，较耐旱。在深厚、肥沃、湿润的钙质土壤中生长旺盛。自然生长于海拔700～1 300米的山坡，路旁，沟边。叶

紫葳科

梓属

高可达25米

树皮灰色，纵裂较深

分布于我国湖北、四川、甘肃、陕西、山西、河南

大浓绿，树干通直，生长迅速，花色优美，抗污染能力强，为优良的庭荫树和行道树。材质优良，供建筑、家具等用。嫩叶、花可食。叶可喂猪。果药用，利尿，根皮治皮肤病。茎皮、叶浸液做农药，治稻螟、飞虱。

叶片卵形或近三角状心形，厚纸质

蒴果圆柱形，下垂，长55～80厘米

顶生伞房状圆锥花序，有花7～15朵，花冠粉紫色，内面具紫色斑点和条纹

葫芦树 *Crescentia cujete* 奇花异木树种

又称炮弹果。常绿乔木。花单生枝上，花冠钟形，白色或淡黄褐色，果实卵圆形，果壳坚硬，可作盛水之物。喜温暖湿润气候及充足阳光，不耐寒，要求肥沃、疏松且排水良好的土壤。园林中作为奇花异木栽培，供观赏。

紫葳科
葫芦树属

高可达10米

奇特的树姿

原产美洲热带，我国南方有引种栽培

单叶簇生，长倒卵形至长椭圆形

蒴果卵圆球形，黄绿色，果壳坚硬

猫尾木 *Dolichandrone cauda-felina* 优良观赏树种

常绿乔木。奇数羽状复叶，复叶长30～50厘米，小叶9～13枚，长椭圆形至卵形，纸质，长5～21厘米，全缘。花期10～11月，果期翌年4～6月。喜温暖湿润气候，要求阳光充足及肥沃、疏松和排水良好的土壤，不

紫葳科

猫尾木属

高可达15米

树皮灰黄色，薄片状剥落

分布于我国广东、广西、云南

耐寒。越冬气温不低于10℃。树干直，叶、花大，果长，是我国南方优美的园林绿化树种。木材纹理细致，材质轻而硬，是建筑、桥梁、雕刻、家具良才。

总状花序顶生，花大，径10～15厘米，花冠上部黄色，近喉部暗紫红色，漏斗状

蒴果圆柱状，悬垂，长30～60厘米，密被褐黄色绒毛，像猫尾巴，故名猫尾木

蓝花楹 *Jacaranda mimosifolia* 我国南方园林绿化树种

落叶乔木。蒴果木质，卵球形，稍扁，浅褐色，径约5厘米。种子小而有翅。花期5～6月。喜阳光充足和温暖多湿气候。要求肥沃、疏松、深厚、湿润、排水良好的土壤。低洼积水或土壤瘠薄则生长不良。树冠椭圆

紫葳科
蓝花楹属

高可达15米

树冠伞形

原产南美洲，我国广东、广西、福建、海南、云南有栽培

形，绿荫如伞，叶细似羽，花朵蓝色清雅，在我国福州一年开花两次。作为一种美丽的观叶、观花树种，热带地区广泛栽作行道树、绿荫树和风景树。木材黄白至灰色，质轻软，纹理通直，易加工，是制作家具的良材。

二回羽状复叶对生，每羽片有小叶16～24对，小叶椭圆形，全缘

圆锥花序顶生，花冠钟状，筒细长，蓝色，花朵可达90朵

吊灯树 *Kigelia africana* 南方优美观赏树种

常绿乔木。羽状复叶对生或轮生，小叶7～9，长圆形或倒卵形。花序顶生，长0.5～1米，花稀疏，6～10朵，花冠橘黄色或褐红色。原产非洲热带地区，我国广东、海南等地有栽培。叶色亮绿，花大，果形奇特。

紫葳科
吊灯树属

高可达20米

果长圆柱状，长达30～45厘米，灰绿色，有细长果柄，形似吊瓜

木蝴蝶 *Oroxylum indicum*

温暖地区庭园树种

落叶乔木。二至四回羽状复叶，小叶三角状卵形。花序长0.4～1.5米，花冠紫色或橙红色。种子周翅薄如纸，称“千张纸”。分布于云南、广东等地。花冠大，果长，种子似白色蝴蝶，是理想的观花和观果植物。

紫葳科

木蝴蝶属

高可达10米

蒴果长而扁平，木质

炮仗花 *Pyrostegia venusta* 华南地区重要攀缘植物

因花似炮仗而得名。常绿木质藤本。复叶对生，小叶3枚，顶生小叶变为3叉丝状卷须，小叶卵状椭圆形，全缘。蒴果线形，种子具膜质翅。花期从秋至春，晶莹耀眼。喜光，要求通风及肥沃、湿润的酸性沙质土

紫葳科
炮仗花属

攀缘高可达10米

炮仗花多用作阳台、花廊、花架、门厅、低层建筑墙面或屋顶作垂直绿化材料。矮化品种，可盘曲成图案形，作盆花栽培。每当春季开花时节，朵朵橙红色的小花，星星点点地点缀在绿墙上，就像一串串鞭炮，又仿佛一颗火星似的炸成一片，给圣诞、元旦、新春等中外佳节，增加了节日气氛。

原产巴西，我国广东、海南、广西、福建等地有栽培

壤。生命力强，生长迅速，华南地区能保持枝叶常青，可露地越冬。华北地区只能室内栽培，盆栽时设立支架，有良好的观赏效果。

多朵紧密排列成下垂的圆锥花序，花冠橙红色

炮仗花屋顶绿化景观

火焰树 *Spathodea nilotica* 我国温暖地区的绿化树种

常绿乔木。花期4～5月。蒴果长15～25厘米，种子具膜质翅。原产非洲热带，我国南方引种栽培。花艳红无比，如火如荼，远远望去犹如一团团熊熊燃烧的火焰，十分壮观。适宜公园、社区、旅游区等地观赏。

紫葳科

火焰树属

高可达15米

总状花序顶生，花冠钟形，猩红至橙红色

奇数羽状复叶，对生，小叶9～19，卵状长椭圆形至卵状披针形

黄钟花 *Tecoma stans* 有发展前途的庭园观赏植物

常绿灌木或小乔木。羽状复叶对生，小叶5～13，披针形至卵状椭圆形，边缘被粗锯齿。蒴果长20厘米。花期9～12月。原产南美洲，我国广州、云南西双版纳有栽培。一年多次开花，花色艳丽，值得进一步推广。

紫葳科

黄钟花属

高可达6米

总状花序顶生，花冠漏斗状钟形，黄色

大花栀子 *Gardenia jasminoides* var. *grandiflora*

常绿灌木。幼枝具细毛。叶对生或3叶轮生，倒卵状长圆形，长7～14厘米，全缘，边缘白色，两面光滑，革质；托叶膜质，基部合成一鞘。萼裂片6，线状。花期3～7月，果期5月至翌年2月。喜疏松、肥沃的酸性土，

茜草科
栀子属

高可达2米

原产我国长江流域以南广大地区

是酸性土壤的指示植物。果供药用，有泻火解毒、凉血散瘀等功能。从果实中提取的粉末状栀子黄色素，是色泽鲜艳、着色力强、耐光、耐热、无异味、无沉淀、安全性能高的天然食用色素和天然染料。

浆果卵形，有5～9翅状纵棱，熟时黄色至橙红色，顶端有宿存萼片

花大，径约7厘米，白色，芳香

大花栀子叶片肥厚，乌绿，有光泽，形似兔耳，花洁白，硕大，晶莹如玉，开放时幽香宜人，为庭院绿化、美化的优良树种。还可制作盆景，花香浓郁，人见人爱。

龙船花 *Ixora chinensis* 南方园林中常见灌木

常绿小灌木。多分枝。浆果近球形。花期全年，但以5～7月为盛花期。喜湿润和阳光充足环境。耐高温，不耐寒。以肥沃、疏松和排水良好的酸性沙质壤土为佳。花、叶秀美，花色非常丰富，有红、橙、黄、白、

茜草科
龙船花属

高可达2米

单叶对生，通常倒卵状长椭圆形，先端急尖，基部楔形，全缘

原产中国和马来西亚，我国华南地区露地栽培

双色等。在南方露地栽植，适合庭院、宾馆、风景区布置，高低错落，花色鲜丽，景观效果极佳。也适合盆栽观赏，尤其适合窗台、阳台和客厅摆放。

花萼绿色，花冠橙黄色

聚伞花序顶生，密聚成伞房状，花冠高脚盆状，略带肉质，红色

红玉叶金花 *Mussaenda erthrophylla* 观赏植物

常绿或半常绿灌木。枝条密被棕色长柔毛。花期5～10月，果期10月以后。浆果近球形，熟时黑红色。喜高温多湿气候，耐阴性强。红玉叶金花血红的萼片非常艳丽，是优良的观赏花木。适宜庭院栽培或大型盆栽。

茜草科

玉叶金花属

高可达2米

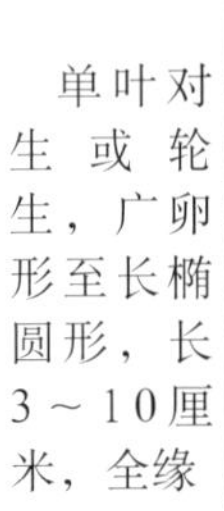

单叶对生或轮生，广卵形至长椭圆形，长3～10厘米，全缘

原产西非，我国云南有栽培

聚伞花序顶生，花萼裂片5，其中有一片扩大成叶状，鲜红色，花冠漏斗状，小花白色

同属植物白纸扇*Mussaenda philippica*，因花萼增大变成的白色叶状瓣，貌似白纸扇而得名。高可达2.5米。叶对生，长卵形，全缘。浆果椭圆形，熟时黑紫色。花期5～10月，果期9～12月。产于我国广东南部。姿态优雅、花形美观，非常适宜于园林造景、花坛点缀、庭院美化和家庭盆植。

聚伞花序顶生，萼片5深裂，裂片常具1～2枚大型叶状苞片，圆形或广卵形，白色或淡黄白色，花冠长漏斗状，金黄色

糯米条 *Abelia chinensis* 常见园林绿化树种

落叶灌木。小枝开张，老树皮纵裂。单叶对生，叶片卵形至椭圆状卵形。花期6～9月，果期10～11月。喜温暖湿润气候，耐寒能力差。北方地区栽植，枝条易受冻害。喜光且耐阴。对土壤条件要求不严，有一定适应

忍冬科
六道木属

高可达2米

糯米条耐修剪，整形后的糯米条枝繁叶密，树冠紧凑，未开花时，观叶、观姿均好。进入7月，陆续开花，大而密集的白色或粉红色花序布满整个树冠，花瓣脱落后，粉褐色萼片长期宿存枝上，远看好似盛开的花序，甚为美观，适栽于庭园、路边、池畔、墙隅、篱边，也是一种良好的盆景材料。

原产我国长江流域及其以南广大地区

性，耐旱、耐瘠薄的能力较强，生长旺盛、根系发达，萌蘖、萌芽力强。全株药用，可清热、解毒、止血。叶捣烂敷患处治腮腺炎、止血。浙江用花治牙痛。

聚伞花序顶生或腋生，花白色，花萼5裂，花冠漏斗状，4雄蕊伸出花冠

瘦果顶端有宿存萼裂片

猥实 *Kolkwitzia amabilis*

落叶灌木。幼枝红褐色，被短柔毛。花期5～6月，果期8～9月。喜温暖湿润和光照充足的环境，有一定的耐寒性，−20℃地区可露地越冬。耐干旱。在肥沃而湿润的沙壤土中生长较好。花密色艳，花期正值初夏。我

忍冬科
猬实属

高可达3米

枝条拱曲下垂

老枝皮片状剥落

核果状瘦果，外密被刚硬刺毛

中国特产，分布于河南，陕西，湖北，四川，北京可露地栽培

国中西部地区特色花木。引入美国栽培，被誉为“美丽的灌木”。宜露地丛植，也可盆栽或作切花。

单叶对生，叶片椭圆形或卵状椭圆形，两面具毛

伞房状聚伞花序，花冠钟状，粉红色，喉部黄色

金银木 *Lonicera maackii*

花开之时初为白色，后变为黄色，故得名。落叶灌木或小乔木。小枝中空。花期5～6月，果期8～10月。喜光而耐阴。耐寒性强。萌芽力强，耐修剪。适应性极强，在不同环境条件下，都能正常生长。春末夏初层层

忍冬科

忍冬属

高可达6米

单叶对生，卵状椭圆形至卵状披针形；花成对腋生，具总梗，花冠2唇形，白色，后期变黄色，芳香

浆果球形，熟时红色

分布于我国长江流域及以北广大地区

开花，金银相映，花朵清雅芳香，引来蜂飞蝶绕，是优良的蜜源树种；金秋时节，对对红果挂满枝条，煞是惹人喜爱，观花赏果极佳。适宜丛植于草坪、山坡、林缘、路边或点缀于建筑物周围。

郁香忍冬的乳白色唇形花

同属植物郁香忍冬*Lonicera fragrantissima*，高达2米。花冠2唇形，白色或淡红色，芳香。我国山西、山东、河南及华东地区有栽培。

新疆忍冬的桃红色花

同属植物新疆忍冬*Lonicera tatarica*，高可达4米。花冠桃红色。浆果红色。花期5~6月，7~8月果熟时常有2次花少许。分布东欧至中亚，以及我国新疆北部。

盘叶忍冬的一对合生叶状变态苞片及黄色花冠

盘叶忍冬的一对合生叶状变态苞片与幼果

同属植物盘叶忍冬*Lonicera tragophylla*，落叶缠绕性藤本。叶矩圆形或卵状矩圆形。聚伞花序簇生枝顶成头状，有花6~18朵，花冠黄色或橙黄色，有时裂片稍染红晕。浆果红色，球形。产于黄河流域以南各地，北京有栽培。

接骨木 *Sambucus williamsii* 优良观赏树木

落叶灌木或小乔木。老树皮灰褐色。枝无毛，具明显纵棱皮孔。花期4～5月，果期7～9月。性强健，喜光，耐寒，耐旱。根系发达，萌蘖性强。枝叶繁茂，春季白花满树，夏秋红果累累，是良好的观赏灌木，宜作

忍冬科
接骨木属

高可达8米

多分枝

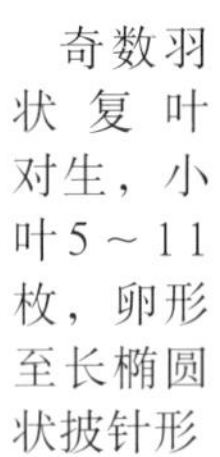

奇数羽状复叶对生，小叶5～11枚，卵形至长椭圆状披针形

圆锥状聚伞花序顶生，长5～11厘米，白色至淡黄色

产于我国南北各地，朝鲜、日本也有

绿篱，也可用于城市、工厂的防护林。为重要中草药，可活血消肿、接骨止痛。枝叶治骨折、风湿等。根及根皮治痢疾、黄疸，外用治创伤出血。花作发汗药。种子油作催吐剂。

浆果状核果，近球形，径3～5毫米，红色

香荚蒾 *Viburnum farreri* 华北地区早春香花灌木

花香而早开，在华北地区可算“开花第一枝”和“春来它先知”了，在北京的3月中旬就能孕蕾绽放，因而又称香探春。落叶灌木。枝褐色，幼时有柔毛。叶椭圆形，长4～7厘米，顶端尖，基楔形，缘具三角形锯

忍冬科
荚蒾属

高可达3米

核果矩圆形，幼果黄绿色，熟时紫红色

华北地区还有一种比迎春开花更早的木本花卉，那就是香荚蒾。香荚蒾花白色而浓香，单花很像丁香，花开时香飘很远，特别诱人，是华北地区早春香花灌木之一。

原产中国北部，自然分布于河北、河南、甘肃

齿，羽状脉明显，叶背侧脉间有簇毛。花期3～4月，果期秋季。耐半阴，耐寒。花白色而浓香，花期极早，是华北地区重要的早春花木。丛植于草坪边、林荫下、建筑物前都极适宜。

圆锥状聚伞花序，长3～5厘米，花初时粉红色，开放后白色，芳香

欧洲荚蒾的3裂叶片和浆果状核果

同属植物欧洲荚蒾*Viburnum opulus*，叶长卵圆形，长5～11厘米，3裂，有时5裂，缘有不规则锯齿，掌状3出脉。核果浆果状，熟时红色。产于新疆，用于园林绿化。

荚蒾 *Viburnum dilatatum*

北方常见园林绿化树种

落叶灌木。树皮灰褐色有细纵裂。复伞形花序，花小、白色。花期5～6月，果期9～11月。喜光，喜温暖湿润，也耐阴，耐寒，适宜微酸性土壤。根、枝、叶入药，有清热解毒，疏风解表的作用。

忍冬科
荚蒾属

高可达3米

开花时节，纷纷白花布满枝头；果熟时，累累红果；秋季，叶色变红，为观赏佳木，也是制作盆景的良好素材。

产于我国黄河以南至华南、西南地区

单叶对生，长3～9厘米，倒卵形至椭圆形

核果红色，近球形

桦叶荚蒾亮红色的核果

同属植物桦叶荚蒾*Viburnum betulifolium*，因叶似桦树叶而得名。高可达6米。幼枝紫褐色。复聚伞花序顶生。入秋绿叶红果，十分亮丽。产于西北、西南广大地区。

暖木条荚蒾的叶枝

暖木条荚蒾的果枝

同属植物暖木条荚蒾*Viburnum burejaeticum*，聚伞花序顶生，花冠白色。长4～10厘米。核果幼时绿色，后变红色，熟时蓝黑色。分布于华北、东北地区。

琼花 *Viburnum macrocephalum* f. *keteleeri* 我国千古名花

又称扬州琼花。半常绿灌木。花期4月，果期9～10月。喜光而耐半阴。较耐寒，能适应一般土壤。适宜生于湿润肥沃的地方，萌芽力、萌蘖力均强。自然生于中低山丘陵稀疏林下或沟谷溪旁的灌丛中，是我国特有的名花，文献记

忍冬科
荚蒾属

高可达4米

树冠开展成球形或广卵形

叶对生，卵形至椭圆形，长5～10厘米

聚伞花序，径8～15厘米，中心为可孕花，花冠淡黄色；周边8朵萼片发育成的不孕花，花冠白色

产于长江中下游地区，华北南部可露地栽培

载唐朝就有栽培。树形潇洒别致，花大如盘，果实鲜红，被称为稀世的奇花异卉和“中国独特的仙花”，得到世人的喜爱和文人墨客的不绝赞赏，为扬州市市花。枝、叶、果均可入药，具有通经络、解毒止痒的功效。

核果椭圆形，先为红色，熟时变蓝黑色

宋朝的张问在《琼花赋》中描述它是“俪靓容于茉莉，笑玫瑰于尘凡，惟水仙可并其幽闲，而江梅似同其清淑”。

天目琼花的紫色花药

同属植物天目琼花*Viburnum sargentii*，落叶灌木。叶顶部裂片两侧常无粗齿或浅裂，花药紫色为其显著特征。分布于长江流域以北广大地区。是美丽的观花赏果花木。

海仙花 *Weigela coraeensis*

著名观花树种

落叶灌木。蒴果柱形。种子有翅。花期5～6月，果期9～10月。喜光，稍耐阴。喜湿润肥沃土壤。花色丰富，适于庭院、湖畔丛植，也可在林缘作花篱、花丛配植，点缀于假山、坡地，景观效果也颇佳。

忍冬科

锦带花属

高可达5米

枝粗壮

叶广椭圆形至倒卵形，长8～12厘米，缘齿钝圆

我国东北南部及华北、华东至华中长江流域普遍栽植

聚伞花序顶生，萼裂至基部，花冠初白色后渐变玫瑰红直至紫红色

海仙花与锦带花同为忍冬科锦带花属的观花灌木，两者极为相似，但也有一些区别。“锦带带一半，海仙仙到底”是一句俗语，指锦带花花萼裂片中部以下连合，而海仙花花萼裂片裂至底部。此外，海仙花种子有翅，锦带花种子几无翅。还有海仙花小枝粗壮，锦带花小枝细弱。

锦带花 *Weigela florida*

常见园林绿化树种

落叶灌木。幼枝具4棱。叶对生，椭圆形或卵状椭圆形。蒴果柱形。种子无翅。花期4～6月，果期10月。喜光，耐寒。耐瘠薄，怕水涝。花红艳，供观赏。对氯化氢等有毒气体抗性强，可作工矿区绿化树种。叶作饲料。

忍冬科
锦带花属

高可达3米

小枝细弱

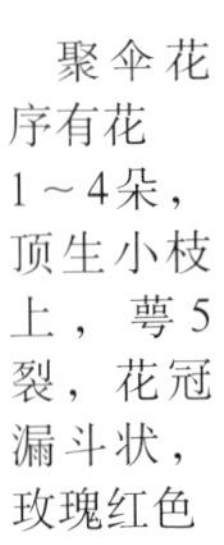

聚伞花序有花1～4朵，顶生小枝上，萼5裂，花冠漏斗状，玫瑰红色

分布于我国东北、华北、华东及西北东部

花叶锦带花的白色至黄白色叶

红花锦带花的深红色花

白花锦带花的白色花

本种栽培品种有白花锦带花*Weigela florida* 'Alba'，花白色；花叶锦带花*Weigela flordia* 'Variegata'，叶缘为白色至黄白色，叶子黄绿相间；红花锦带花*Weigela florida* 'Redprince'，花鲜红色。

分叉露兜树 *Pandanus furcatus* 热带地区观赏植物

又称山菠萝。乔木。茎顶端常二歧分枝。叶簇生枝顶，革质，带状，长1～4米。花雌雄异株，雄花序复穗状，金黄色，圆筒形，长10～15厘米。果序长圆形，长10～15厘米，熟时红棕色，小核果近圆筒形，长3～4

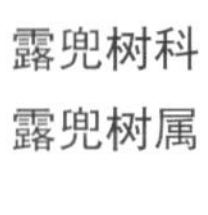

露兜树科
露兜树属

高可达12米

产于我国台湾、海南和广东、广西、云南三省（区）南部

厘米，宿存柱头二歧刺状，角质，有光泽。花期8月。喜高温、高湿气候和湿润海岸沙质土壤。其特异的干形、基部放射状斜生入土的支柱群根以及螺旋状排列的整齐碧绿叶序极具观赏价值。叶纤维可供编织。果药用。

干基部的粗壮气生支柱根

红刺露兜树 *Pandanus utilis* 热带地区观赏植物

常绿灌木或小乔木。花单性异株，芳香。聚花果圆球形或椭圆形，由多数核果组成。喜高温、多湿气候，适生于海岸沙地。优良的海滨绿化树种，也可作盆栽观赏。叶纤维可供编织。果药用。

露兜树科
露兜树属

高可达5米

原产马达加斯加，我国热带地区有引种栽培

叶片螺旋生长，披针形，革质，边缘有刺

红刺露兜树主干基部有粗大且直立的支持根，远望酷似章鱼的脚，俗称“红章鱼树”。

金边露兜树的金黄色叶缘

同属植物金边露兜树*Pandanus pygmaeus*‘Golden Pygmy’，叶缘金黄色，有刺。

竹亚科植物简介

优良用材及观赏树种

竹亚科植物多为乔木、灌木。竹类常不开花，因此，在分类上常以地下茎的不同类型，秆箨的形态特征，竹秆节上分枝情况，作为分类的主要依据。竹类植物主要由地下茎和地上茎两部分组成，地上茎称竹秆，地下茎称竹鞭。地下茎出土的芽称竹笋，外被笋箨（芽鳞），内为秆箨，具箨

龟背竹茎干

淡竹竹笋

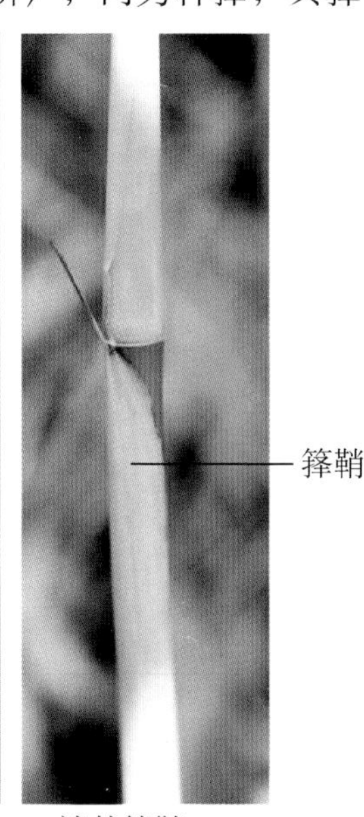

淡竹箨鞘

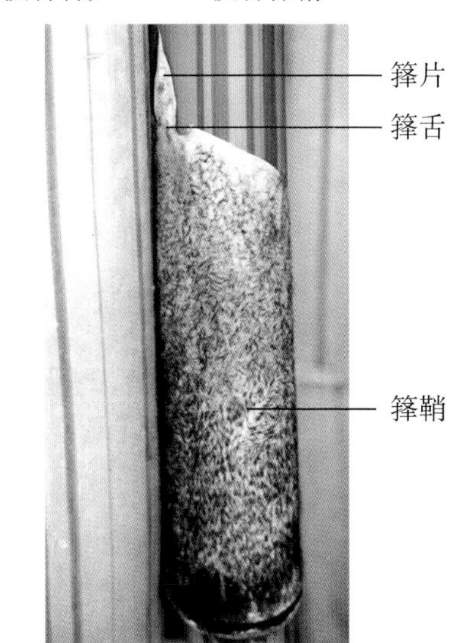

大琴丝竹的箨片、箨舌、箨鞘

主产长江流域及以南地区，其他地区多栽培

鞘、箨耳、箨舌、箨叶。秆箨脱落后，在竹秆节上形成箨环，箨环以上为秆环，二环之间称节内，环上生芽，发生小枝。

淡竹节间、分枝、秆环、箨环

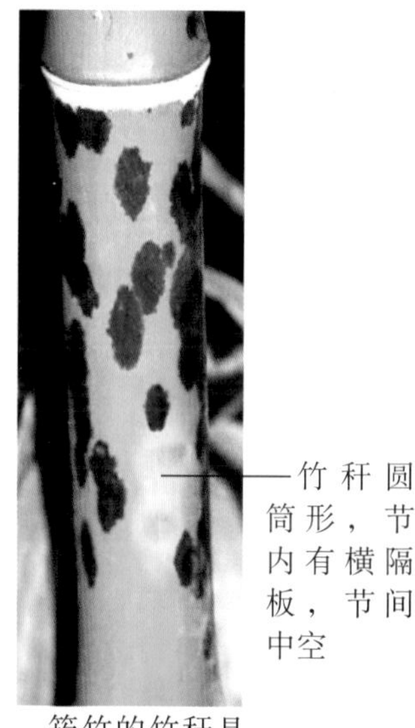

筠竹的竹秆具紫褐色斑纹

大琴丝竹的竹秆节间有淡黄间深绿色纵条纹

菲白竹的叶片在绿底上有乳白色纵条纹

竹类单叶互生，2列，具平行脉，叶柄短，与叶鞘连接处成关节；一生只开一次花，花后营养体自然死亡。

麻竹 *Dendrocalamus latiflorus* 优良笋用竹种

又称甜竹。秆直立。幼时被白粉，但无毛，秆基部数节节间具黄褐色绒毛环。叶片宽大，长18～30厘米。笋期7～9月。我国南方栽培最广的食用竹种，笋味甜美，每年均有大量笋干和罐头上市，远销日本和欧美等国。

禾本科
牡竹属

秆高可达25米

梢端下垂或弧形弯曲

分布于我国广东、广西、云南、贵州、福建、台湾

小枝具6~10叶，叶片卵状披针形或长圆状披针形

麻竹秆供建筑和篾用，庭园栽植，观赏价值高。

麻竹的天然景观

黑毛巨竹 *Gigantochloa nigrociliata* 南方常见篾用竹种

小乔木。幼时被棕色小刺毛，尤以秆基部的节间为甚。分枝常自秆第九或第十节开始，多枝簇生，长2～3米，主枝较粗长。小枝约具10叶。竹材篾性柔软，能编结各种竹器，全竿也可作农具和建筑之用。

禾本科

巨竹属

秆高可达15米，径可达10厘米

分布于我国云南西双版纳，香港有栽培

叶片披针形，长19～36厘米

黑毛巨竹的秆梢端长，下垂。节间长36～46厘米，绿色，常具淡黄色条纹，有一定的观赏价值。

淡竹 *Phyllostachys glauca* 用材和绿化兼用竹种

中型竹。新秆被雾状白粉而呈蓝绿色。箨鞘淡红褐色，具稀疏紫褐色斑点和斑块，无箨耳，箨舌紫色，先端截平形，边缘具短纤毛，箨叶绿色，边缘黄色，反卷或外展。笋期4月中下旬。耐寒、耐旱，常见于平原

禾本科
刚竹属

秆高可达14米，径可达10厘米，梢端微弯

老秆绿或灰绿色，节下有白粉环

分布于我国黄河流域至长江流域间以及陕西秦岭地、低山坡地及河滩上。竹秆坚韧，生长旺盛。竹林婀娜多姿，竹笋光洁如玉。秆壁略薄、篾性尤佳，是上等的农用、篾用竹种。秆可作晒竿、瓜架、农具柄等，亦可编织凉席。笋味鲜美，供食用。

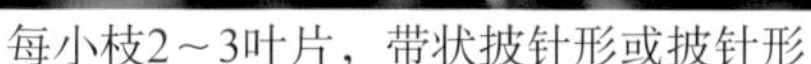

每小枝2～3叶片，带状披针形或披针形

每个节上有2个分枝

淡竹原始森林位于浙江省台州市仙居县淡竹乡境内，总面积80平方公里。景区拥有2 000多种野生动植物品种，被誉为天然植物“绿色基因库”和“植物博物馆”。

金镶玉竹 *Phyllostachys aureosulcata* 'Spectabilis'

乔木状竹类，黄槽竹的栽培种。新秆为嫩黄色，后渐为金黄色，各节间有绿色纵纹。表面绿色，少数叶有黄白色彩条。每小枝有2～3叶，叶片披针形。为我国南、北园林绿化优质竹种。

禾本科
刚竹属

秆高可达8米，金黄色，节间纵沟槽绿色

新笋笋期5月

紫竹 *Phyllostachys nigra* 优良观赏竹种

灌木或乔木状竹类。新秆密被白粉和刚毛。箨鞘淡棕色，无斑点，密生褐色毛，箨耳发达，紫黑色，箨叶绿色，三角形。竹材坚韧，宜作钓鱼竿、手杖、笛子等。笋期4～5月，笋供食用。

禾本科
刚竹属

秆高可达10米，径可达5厘米

秆中间节间25～30厘米，新秆绿色，老秆紫黑色

金竹 *Phyllostachys sulphurea* 用材、观赏树种

又称黄皮刚竹。产于我国浙江、江苏、安徽、江西、河南。新秆金黄色，节间具绿色纵条纹。老秆节下有白粉环，分枝以下秆环平。笋期4月下旬至5月上旬。材质坚硬，供建筑及农具柄等用。

禾本科
刚竹属

秆高可达8米，径3～4厘米

每小枝2～6叶，叶片披针形

金竹片林林相

刚竹 *Phyllostachys sulphurea* ‘Viridis’ 用材、观赏树种

又称台竹。原产于我国，黄河至长江流域均有分布。竹秆节间、沟槽均为绿色。小枝具2～5叶，叶片长圆状披针形。笋期5月中旬。常用于庭院绿化，供观赏。秆可作小型建筑用材和农具柄。

禾本科
刚竹属

刚竹属是我国的乡土竹类，在该属已发表的43个竹种中，有39种原产于我国。刚竹属竹由于种类多、栽培广、用途大，在我国林业生产中占有重要地位。刚竹属竹，是多年一次结实植物，有多年至上百年的营养生长期，一旦开花，就会成片枯死。

秆高可达15米，径10厘米

刚竹片林景观

沙罗单竹 *Schizostachyum funghomii* 用材竹种

又称沙罗竹、罗竹。产于我国广东、广西，云南有栽培。秆梢微弯。节间长40～70厘米。笋期7～9月。沙罗单竹为篾用竹，宜劈篾编竹篓、船篷、凉席等；也可用作造纸原料。亦可种植供观赏。

禾本科

篾箣竹属

秆高可达15米，径可达7厘米

小枝有叶片4～9。叶长圆状披针形，长可达25厘米

泰竹 *Thyrsostachys siamensis* 优良观赏竹种

中乔木状竹类，地下茎合轴丛生型。原产泰国、缅甸，我国云南、台湾、福建等地有栽培。笋期8～10月。傣族村寨附近及房前屋后常有种植，是缅寺中重要的标志性植物。

禾本科
泰竹属

秆高可达13米，形成极密的单一竹丛

竹节间长15～30厘米，幼时被白柔毛。箨鞘宿存，质薄，柔软，与节间近等长或略长；箨片直立，长三角形，基部微收缩，边缘略内卷，叶窄披针形，多片羽状排列

青皮竹 *Bambusa textilis* 优良篾用竹种

丛生竹，幼时被白粉，贴生淡棕色刺毛，后脱落。近基部数节无芽，出枝较高，箨环倾斜。笋期5～9月。速生，产量高，材质柔韧，为优良篾用竹种，供编制竹器、造纸、工艺品，畅销国内外。

禾本科
簕竹属

秆高可达10米，丛生灌木状

秆径可达6厘米，梢端弯垂，节间长40～70厘米

主产于广东、广西、福建、湖南、云南南部

同属植物有黄金间碧玉*Bambusa vulgaris* 'Vittata'，丛生竹，各秆节间初时红黄色，以后变为金黄色，间有绿色纵条纹；大佛肚竹*Bambusa vulgaris* 'Wamin'，中型丛生竹，高可达5米，节间缩短而膨大，形如佛肚，形态奇特，颇为美观，竹株生长密集，为观赏珍品；粉单竹*Bambusa chungii*，高可达18米，秆节间壁薄，厚被白粉；凤尾竹*Bambusa multiplex* 'Fernleaf'，高可达2米，丛生灌木状，秆密丛生，矮细但空心。

粉单竹密被白粉的茎秆

大佛肚竹的丛生状

黄金间碧玉竹秆上的绿色纵条纹

凤尾竹植株

大佛肚竹的竹秆

假槟榔 *Archontophoenix alexandrae* 常见优良观赏树种

又称亚历山大椰子。常绿乔木。茎干挺直，干基膨大。喜光，喜高温多湿气候，不耐寒。抗风力强，能耐8～9级风暴。对土壤的适应性颇强。植株高大，茎干通直，叶冠广展如伞，果穗熟时鲜红，是著名的热带风光

棕榈科

假槟榔属

高可达20米

树皮幼时绿色，老则灰白色，光滑且有梯形环纹，基部略膨大

原产澳大利亚，我国福建、台湾、广东、海南等地有栽培树种。常植于庭园或作行道树，也可列植于宾馆、会堂门前，营造热带风情，叶入药，用于外伤出血。

羽状复叶簇生干端，小叶2列，条状披针形

花单性同株，花序生于叶丛之下。核果小，球形或卵圆形

行道树景观

槟榔 *Areca catecthu* 热带经济植物和观赏树种

又称槟榔子。常绿乔木。羽状复叶簇生枝顶，小叶片多数，狭长披针形，长30～60厘米。雌雄同株，肉穗花序多分枝，长25～30厘米。雄花生于花序分枝上部，雌花单生于分枝下部，花白色，有香气。花期3～5月，

棕榈科
槟榔属

高可达30米

茎干直立，光滑，有明显环状叶痕

槟榔本身有致癌性，国际癌症研究中心（IARC）已于2003年8月发表专论公布“槟榔果实本身即是第一类致癌物”。

原产马来西亚和印度，我国台湾、云南、海南等地有栽培

果期翌年1～5月。喜高温多雨气候及富含腐殖质的土壤。树姿挺拔优雅，在华南地区常作园林绿化树种。种子及果皮肉供药用。

果长圆形或宽椭圆形，熟时橙红色

嚼食槟榔的人口急剧增长，在台湾估计已超过260万人；嚼食槟榔者之平均年龄亦有逐渐下降之趋势。据统计，台湾5万多公顷的槟榔园(相当2个台北市大)，除每年造成水资源损失约40亿吨及严重破坏林地外，一年花费在吃槟榔的金额更高达180多亿元人民币。更可怕的是它的致癌和促癌作用，使得台湾的口腔癌，跃升为十大癌症之列。

三药槟榔 *Areca triandra* 优良观赏棕榈植物

常绿丛生灌木。茎干具明显环状叶痕。花期3～5月，果期8～9月。喜温暖、湿润气候和背风、半阴环境，不耐寒。要求肥沃、疏松及排水良好的土壤。形似翠竹，姿态优雅，宜庭院种植，与池水、假山配置。

棕榈科
槟榔属

高可达7米

原产于印度、马来西亚，我国台湾、广东、云南有栽培

羽状复叶全裂，长可达2米，裂片29～34对

核果卵状长圆形，熟时深红色

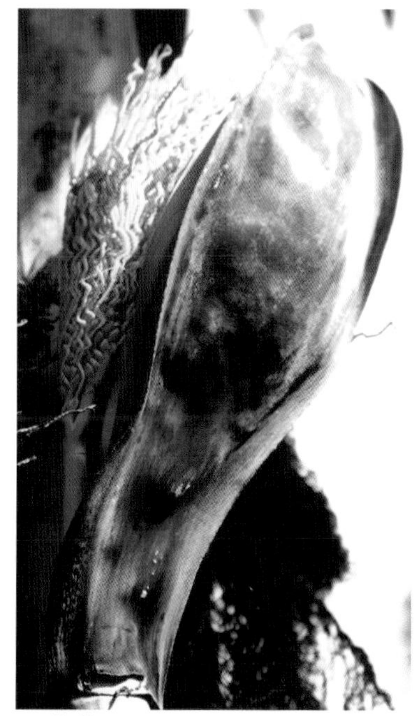
花苞

佛焰花序圆锥状，长40～45厘米，雌雄同序，有香气

桄榔 *Arenga pinnata* 经济树种、优良行道树种

因花序汁液富含糖分，故又名砂糖椰子。常绿乔木。花期6月。喜温暖湿润和背风向阳环境。喜光，不耐寒。要求肥沃、疏松及排水良好的土壤。植株高大，有一定观赏价值，适宜作行道树、遮阴树。花序中的糖分

棕榈科
桄榔属

高可达17米

羽状复叶全裂簇生茎顶，裂片条形，长可达10米

树皮褐色

分布于中国广东、广西、云南，印度、斯里兰卡等国也有

可制糖酿酒，树干髓心可提取淀粉，叶鞘纤维可制绳索，幼嫩茎尖可作蔬菜食用。果实有毒，去毒后方可食用，若去毒不够，可致中毒，主要症状有头晕、呕吐等。

肉穗花序腋生，长达150厘米

果倒卵圆形，熟时棕黑色，果在花后2～3年成熟

同属植物矮桄榔*Arenga engleri*，丛生灌木。高可达4米，全株有茎20余，每茎有叶6～7。佛焰花序多分枝，长55厘米，小穗长23～26厘米。雄花芳香，花萼壳斗状，淡红黄色；雌花花萼圆形，花瓣三角形。花期5～6月，果期11～12月。

矮桄榔的叶，全基生，长2～3米。每侧裂片46～67，互生，条形，2列，长30～55厘米

矮桄榔的果，近球形，熟时橘黄至橙红色，顶端具3棱及短喙，近无柄

糖棕 *Borassus flabellifer* 有多种经济价值树种

因收取其雌花的甜汁用来制糖而得名。常绿大乔木。雌雄异株，花序大，雄花序长达1.5米，雌花序长约80厘米。喜暖热干旱气候，要求阳光充足及深厚、肥沃、湿润、排水良好的土壤。具有多种经济价值：木材坚

棕榈科
糖棕属

高可达30米

植株粗壮

原产印度、缅甸等国，我国海南、广东、云南引种栽培

硬，耐盐水浸渍，用于造船；叶柄纤维制作绳索；叶片制纸，搭建屋顶；种子萌发幼芽可食。树形高大，羽状叶片巨大而稠密，为优良的行道树和遮阴树。

叶掌状分裂，近圆形，叶径1～1.5米，有60～80裂片，裂至中部，裂片线状披针形，边缘具齿状刺

核果扁球形，褐色，径可达20厘米

糖棕树的果肉洁白，很像凉粉，虽然不是很甜，但吃起来非常清香，柔滑爽口，可以煮粥或做成糕点，是柬埔寨独具民族特色的风味食品。

散状栽植景观

糖棕和人们熟知的甘蔗、甜菜一样，都是产糖“能手”。当糖棕长出花序时，采糖的人就爬上树，在花序的尖端挂一个小水桶，用刀把雌花划开一道道口子，雌花中的糖汁就顺着刀口流出来并滴进小桶里。一棵大树一年可产糖50千克以上，足够一家三口食用。

鱼尾葵 *Caryota ochlandra* 重要的棕榈科观赏植物

因小叶先端呈现不规则的啮齿状，极似鱼尾而得名。常绿乔木。茎粗可达35厘米。花期5～7月，果期8～11月。果实浆液与皮肤接触能导致皮肤瘙痒。喜温暖湿润及光照充足的环境，也耐半阴，忌强光直射和曝晒，

棕榈科

鱼尾葵属

高可达30米

茎干通直，茎皮黄绿至灰褐色，节环间距20厘米

原产亚洲热带、亚热带，我国福建、广东等地也有分布

耐寒力不强，能耐短期－4℃低温。要求排水良好、疏松肥沃的土壤。植株挺拔，叶形奇特，姿态潇洒，热带地区适宜作行道树和庭荫树；北方地区多作盆栽布置会堂、大客厅，富热带情调，效果极佳。

佛焰花序圆锥状，长可达3米，生于叶腋，下垂

浆果球形，成熟时淡红褐色

叶二回羽状深裂，先端下垂，羽片厚，革质

短穗鱼尾葵 *Caryota mitis* 优良的室内观叶树种

又称丛生鱼尾葵。常绿小乔木。茎干暗黄绿色，竹节状，环状叶痕常具休眠芽，近地面有肉质气根。叶为二回羽状复叶，叶长3～4米，淡绿色，较薄。花期4～6月，果期8～11月。喜光，喜温暖湿润气候，耐阴，

棕榈科
鱼尾葵属

高可达12米

产于海南、广西等地，越南、缅甸、印度、菲律宾等地有分布

有较强的耐寒力。树形丰满且富层次感，叶形奇特，叶色浓绿，为室内绿化装饰的重要观叶树种。茎髓心富含淀粉，供制甜食。花序液汁含糖分，供熬糖、制酒。

佛焰花序圆锥状，长25～40厘米，较鱼尾葵短小，绿色

浆果球形，径1～1.5厘米，在小穗轴上排列紧密，熟时褐紫红色

列植景观

董棕 *Caryota obtusa* 国家二级重点保护植物

又称槿棕。常绿大乔木。佛焰花序圆锥状，腋生，长2～6米，具200余单穗，佛焰苞4～6，雌花位于中间，两侧是雄花。一次开花结实后，全株死亡。浆果球形，熟时深红色。花果期6～10月。喜高温、湿润的环

棕榈科
鱼尾葵属

高可达25米

茎干直立，中下部膨大成佛肚状，具环状叶痕

分布于我国广西、云南，印度、斯里兰卡也有

境，较耐寒，喜石灰质土壤。植株伟岸霸气，为理想的庭园观赏树种。木质坚硬，做成水槽，可用上百年。嫩茎也可食用，味美，因此常遭到大象的破坏，现已渐危。

二回羽状复叶，聚生于干顶，长可达7米，宽可达5米。每大叶约有羽片43，深绿色。叶柄粗长，叶鞘革质，长约3米

丛植景观

很早以前，泰国就以出产西米而著称，西米露清凉甘甜，十分爽口，是人们热天最理想的消暑食品。可是有谁知道，西米实际上并不是真正的米，更不是在田里种出来的，而是由西谷椰子树、董棕树等棕榈科植物髓心所产淀粉加工而成。

董棕茎髓富含淀粉，可制高级西米食用，故俗称“粮食树”、“西米树”。

散尾葵 *Chrysalidocarpus lutescens* 良好的园林绿化树种

又称黄椰子。常绿丛生灌木。羽状复叶全裂，裂片40～60对，2列，条状披针形。中部裂片长约50厘米，顶部裂片仅10厘米。花序圆锥状，生于叶鞘下，多分枝，雌雄同株。花小，金黄色。花期5月。果长圆状椭圆

棕榈科

散尾葵属

高可达8米

茎干光滑，上有明显叶痕，呈环纹状，基部略膨大，每丛具干20

原产马达加斯加，我国南方常见栽培

形，熟时紫黑色。喜温暖湿润、半阴，不耐寒，越冬最低温要在10℃以上。植株药用，主治吐血、咯血、便血、崩漏。

列植景观

散尾葵形态优美、婀娜婆娑，在华南地区多作庭园栽植，又因为它极具南方风韵、较耐阴、容易管理等优点，所以在北方的室内美化植物选择上，散尾葵是应用最多的植物品种之一。

盆栽生产

美国宇航局根据植物去除化学物质、抵抗昆虫的能力以及养护的难易程度进行了综合打分，确定了净化空气效果最佳的10种植物，散尾葵因其明显的空气加湿及去除有害化学物质的作用而排名第 。

椰子 *Cocos nucifera* 热带重要果树和庭荫树

常绿乔木。几乎全年都可开花，花后1年果熟。喜光，喜温热多湿气候。树形优美，为典型的热带树种，宜作海滨、绿地等处园林美化树种。椰汁及椰肉含有大量蛋白质、果糖、维生素等，是老少皆宜的美味佳果。

棕榈科

椰子属

高可达35米

叶羽状全裂，长约4米，簇生于枝顶，裂片线状披针形，革质，向外折叠

茎干单生，粗壮，有环状叶痕，基部增粗，常有簇生小根

产于海南、广东、广西、台湾及云南南部

佛焰花序圆锥状，腋生，长1.5～2米，雄花聚生于分枝上部，雌花散生于下部

坚果倒卵形或近球形，果每10～20个聚为一束，熟时褐棕色

行道树景观

海防林景观

椰子为古老的栽培作物，我国种植椰子已有2 000多年的历史。现主要分布于海南各地，以文昌东郊为多，占全国52%，此外还有台湾南部，广东雷州半岛，云南西双版纳、德宏等地也有少量分布。

贝叶棕 *Corypha umbraculifera* 热带地区绿化树种

常绿大乔木。干径可达90厘米。圆锥肉穗花序顶生，直立，高4～5米，两性花，雌雄同株，乳白色，有臭味。核果近球形，径约4厘米，熟时橄榄色。花期4～5月，果期翌年5～6月。80～100年生大树始花，一次

棕榈科
贝叶棕属

高可达25米

茎干通直，灰褐色，粗糙

原产印度、斯里兰卡，我国南部地区引种栽培

开花结实后就会全株枯死。喜高温多湿气候，要求排水良好、肥沃土壤。树形美观，适作行道树及庭园美化树种。花序汁液含糖，可制酒、熬糖。树干髓心提取淀粉。种子坚如象牙，供制高级纽扣。

叶大型，簇生茎顶，掌状70～100裂，裂片条状披针形，革质坚韧

贝叶棕在700余年前，随小乘佛教引入我国。作为佛教圣树，古代用其叶片抄誊佛经，多在寺庙附近栽种。

西双版纳的傣族信奉小乘佛教，佛寺院内种植的贝叶棕是随着小乘佛教的传播，由印度经缅甸而被引入的，至今已有700多年的历史了。

西双版纳的傣族人民同东南亚地区人民一样，很早就有用贝叶代“纸”记录自己民族文化的历史。他们把剑形的贝叶叶片经过简单的加工：修整、压平、水煮、晒干，然后装订成册，用特制“铁笔”就可在上面流利刻写文字了，刻完后涂上植物油，叶面上就出现清晰的字迹。贝叶经久耐用，随着使用次数的增加不但不会褪色反而能使字迹越来越清楚，现存百年之久的贝叶经仍字字清晰可辨。

油棕 *Elaeis guineensis* 热带地区重要的油料树种

常绿大乔木。花雌雄同株异序，雄花序由多个穗状花序组成，雌花序头状，密集，径约30厘米。花期6月，果期9月。从果实榨出的油叫做棕油，由棕仁榨出的油称为棕仁油，都是优质的食用油，精炼后，主要作烹饪用

棕榈科
油棕属

高可达20米

茎干粗大，上有叶柄基宿存

原产热带非洲，我国台湾、海南、广东等地有栽培

油，为人造黄油的重要原料，次品及副产品可作香皂、饮料原料及饲料等用。果壳可提炼醋酸、甲醛，制活性炭、纤维板。花序成熟后，流出的液汁还可以酿酒。

叶簇生茎顶，羽状全裂，裂片150～260，线状披针形

坚果卵圆形或倒卵形，熟时橙红色

油棕果肉及种仁含油率高达50%以上，单株油棕每年可产油10～15千克，每667米^{2}产油可达100～150千克，是椰子的2～3倍，是花生的7～8倍，被人们誉为“世界油王”。

行道树景观

蒲葵 *Livistona chinensis* 我国南方常见园林绿化树种

又称扇叶葵。常绿乔木。佛焰花序腋生，排成圆锥花序状。花小，黄绿色。花期3～4月，果期9～10月。树形优美，极具观赏价值，列植、丛植、对植、孤植均佳。嫩芽可食。嫩叶制葵扇（广东江门新会葵扇驰名全

棕榈科

蒲葵属

高可达20米

茎干直立，有节环

原产我国华南，台湾、海南、广东、广西多栽培

园），老叶制蓑衣、席子等。叶脉制牙签。树干可作手杖、伞柄、屋柱。果、根、叶供药用，可治癌肿、白血病等症。

核果椭圆形，熟时紫黑或蓝绿色

行道树景观

叶宽肾状扇形，绿色，掌状浅裂至深裂，裂片条状披针形

同属植物高山蒲葵*Livistona saribus*，常绿乔木，高可达20米。干圆柱状，近光滑，淡紫灰色。叶掌状浅裂至中裂，叶柄粗长，叶鞘长而粗厚。两侧具棕片、棕丝。产于海南、广西、云南高海拔森林中。

高山蒲葵挺拔的树干

高山蒲葵的掌状叶

长叶刺葵 *Phoenix canariensis* 园林绿化树种

又称加那利海枣。常绿乔木。单干生，叶柄基部包被树干。穗状花序长可达2米，多分枝，花小，黄褐色，花期4～6月和10～11月。浆果卵状球形，熟时橙黄色，有光泽，种子1枚，椭圆形，灰褐色，果期8～9月。

棕榈科
刺葵属

高可达15米

茎干直立，高大雄伟，羽叶密而伸展，形成密集的羽状树冠，适宜作庭荫树、行道树

原产非洲西北部加那利群岛，现我国华南地区广为栽培

喜高温多湿气候及充足阳光，不耐寒，越冬温度不低于5℃。现存国内最老的长叶刺葵在昆明，树龄160多年，树高17米，胸径76厘米，种苗系云南穆斯林至中东麦加朝圣时携回。

羽状复叶全裂，长4～6米，裂片多达242对，条状披针形，基部裂片成尖锐长刺

孤植树景观

刺葵多为常绿灌木

同属植物刺葵*Phoenix hanceana*，丛生灌木，高可达5米。叶羽状全裂，长2米，裂片线形。果长圆形，长1～1.5厘米，熟时紫黑色，花被片宿存。花期4～5月，果期6～10月。

刺葵的佛焰花序成穗状分枝，长可达27厘米，穗轴略呈“之”字蜿蜒状，花小，黄色，雄花近白色

江边刺葵 *Phoenix roebelenii* 热带地区园林绿化树种

因多生长于江岸边而得名。叶子柔顺，故又称软叶刺葵。常绿灌木。茎干胸径可达30厘米。花期4～5月，果期6～9月。喜光，喜温暖湿润气候，耐浓荫，也较耐旱、涝。自然生长于云南海拔480～900米河滩石隙

棕榈科

刺葵属

高可达4米

叶柄残基宿存，树干呈三角形突起

一回羽状复叶全裂，长1～2米，稍下垂，裂片窄条形，长20～30厘米

分布于我国云南西双版纳，各地多有栽培中。在我国南方热带地区，为庭园观赏、布景之秀丽材料。在北方，多盆栽供布置厅堂和室内装饰用。果肉薄，可食。

佛焰花序，苞片长30～50厘米；雄花序与佛焰苞等长，雌花序长于佛焰苞。此为雌花序

佛焰花序生于叶丛中

浆果长圆形，具尖头，熟时枣红色

酒椰 *Raphia vinifera* 绿化观赏树种

又称象鼻棕。常绿乔木。叶中脉及边缘具刺，叶面绿色，背面灰白。每个佛焰苞内着生1个穗状花序，长10～15厘米，雌雄花同花序，雄花着生上部，雌花生于基部。果椭圆形或倒卵形。花期3～5月，果期为第三年

棕榈科
酒椰属

高可达12米

茎干直立，粗壮

原产非洲热带地区，我国台湾、云南及广西有栽培

的3～10月。一次性开花结果后植株死亡，生活期20年左右。叶强韧，极耐腐，是盖屋顶的好材料。叶裂片中肋可作编织材料，剥取裂片下表皮，可制成“拉菲亚纤维”。割取幼嫩花序汁液，可制成棕榈酒。

叶羽状全裂，叶长达13米，羽片条形

大型穗状花序生于叶腋，下垂总长可达4米

列植景观

酒椰花序长短不一，生长初期由树顶部悬垂而下，下端略向内弯曲，酷似象鼻，相当奇特，俗称象鼻棕。

棕竹 *Rhapis excelsa* 我国南方优良庭院绿化树种

又称筋头竹。常绿丛生灌木。茎干纤细，有节。花期6～7月，果期11～12月。喜温暖潮湿、半阴及通风良好的环境，稍耐寒，生长的适宜温度为20～30℃，冬季应该保持在4℃以上，能耐短期0℃左右的低温。

棕榈科
棕竹属

高可达3米

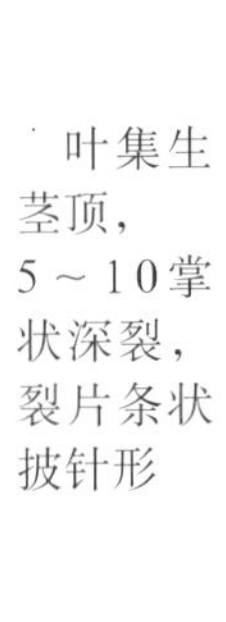

叶集生茎顶，5～10掌状深裂，裂片条状披针形

产于我国广东、广西、海南、云南等地，现南方广为栽培

棕竹的茎可作手杖及伞柄。根药用，治劳伤。叶鞘纤维治咯血、产后血崩等症。

佛焰花序多分枝，花小，淡黄色，极多

浆果球形，熟时黄褐色

盆栽，可见宽线形裂片，先端截形

棕竹株形紧密秀丽，株丛挺拔，叶形清秀，叶色浓绿而有光泽，既有热带风韵，又有竹的潇洒，观赏价值很高。如再配以山石，更富诗情画意。

王棕 *Roystonea regia*

著名热带亚热带观赏树种

又称大王椰子。常绿乔木。羽状复叶全裂，聚生于茎顶，长4～5米，弓形下垂，羽片呈4列排列，条状披针形，顶端浅2裂，长90～100厘米。花期3～4月，果期8～10月。喜光，喜温暖，不耐寒。对土壤适应性强，

棕榈科

王棕属

高可达20米

茎干直立。中部以下常膨大，具整齐的环状叶痕，干灰褐色

原产古巴，我国南方常见栽培

但以疏松、湿润、排水良好，土层深厚，富含有机质的冲积土或壤土最为理想。果含油脂，可作猪饲料，种子可作鸽子饲料。

浆果球形，熟时红褐色或淡紫色

王棕树形十分独特美观，两头细，中间粗，基部又膨大，像花瓶，如导弹，又似西双版纳傣族的象脚鼓。现在已广泛分布于世界各热带地区，为著名热带、亚热带观赏树种，通常用作行道树和园景树。

行道树景观

肉穗花序长1～1.5米，多分枝

棕榈 *Trachycarpus fortunei* 优良园林绿化树种

又称棕树。常绿乔木。花期3～5月，果期11～12月。喜温暖湿润气候，耐寒性极强，可忍受-14℃的低温，是最耐寒的棕榈植物之一。树姿挺拔，叶色葱茏，还可抗烟尘、氯气、氯化氢等有毒气体，是优良的园林

棕榈科
棕榈属

高可达15米

茎干圆柱形，不分枝，具纤维网状叶鞘

原产我国，除西藏外，秦岭以南地区均有分布

绿化树种。棕榈木材可制器具。棕皮、棕丝为工业、农业、民用和国防工业重要原料，韧性与耐腐力特强。嫩花序可食。花、果、种子入药。叶可制扇、帽等工艺品。

圆锥状花序腋生，花黄色

核果肾状球形，蓝褐色，被白粉

散植景观

叶掌状深裂，簇生于干顶，裂片30～60片

蒲葵与棕榈的区别：

蒲葵株高达20米；棕榈高仅10米左右。蒲葵叶片较大，叶裂较浅，茎干较粗；棕榈叶片较小，叶裂较深。蒲葵雌雄同株；棕榈雌雄异株。蒲葵耐寒力差，仅华南和西南热带地区栽培；棕榈较耐寒，黄河流域以南地区均可栽培。

红脉榈 *Latania lontaroides* 我国南方优良观赏树种

又称红脉葵。常绿乔木，干有环纹。雌雄异株，花序腋生，长可达1.5米。果实近圆形，熟时红褐色，偶可见红叶型植株，叶色不会随栽培时间延长而逐渐变淡。喜温暖湿润、光照充足的生活环境，生长适温为

棕榈科
彩叶棕属

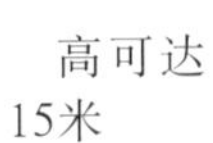
高可达15米

原产西印度洋的马斯克林群岛，近年我国华南引进栽培

22～28℃，冬季0℃以上越冬，但蓝棕榈较红棕榈更耐寒，栽培对土壤要求不严，但以疏松肥沃、排水良好的沙质壤土为佳。

叶掌状深裂，长1.2～1.8米，裂片披针形，主叶脉及裂片边缘呈红色，随生长逐渐变淡

散植景观

红脉榈生长适应性广，株形优美、色彩艳丽，观赏价值较高。适宜种植于庭院、路边及花坛之中，四季观赏，是高级庭院的观赏树种。

丝葵 *Washingtonia filifera* 温暖地区的观赏树种

又称华盛顿椰子。常绿乔木。花两性，肉穗花序下垂，多分枝，花小，白色。核果卵球形，黑色。花期6～8月，果熟期11月。喜光，耐旱，较耐寒。喜疏松、排水良好的土壤。丝葵高大壮观，为热带、亚热带地区优美的园林树种，适作行道树。

棕榈科

丝葵属

高可达25米

叶簇生干顶，大型，径可达1.8米，掌状50～70中裂

主干粗壮通直，近基部略膨大

丝葵干枯的叶子下垂覆盖茎干似裙子，有人称之为“穿裙子的树”，奇特有趣。

原产美国，我国南方各地广为栽培

丝葵叶裂片间具有白色纤维丝，似老翁的白发，又名“老人葵”。

大丝葵高大的树姿

同属植物大丝葵*Washingtonia robusta*，常绿乔木。高达27米，树干基部膨大，而树干其余部分细长，环状叶痕明显。叶片掌状分裂至2/3，仅幼树裂片边缘具丝状纤维，叶柄红褐色，边缘具钩刺。原产墨西哥，我国南方栽培。

孤植景观

行道树景观

酒瓶椰子 *Hyophorbe lagenicaulis* 热带珍贵的观赏树种

因树干粗短，形似酒瓶而得名。常绿小乔木。羽状复叶簇生于茎顶，裂片40～70，条状披针形或条形，淡绿色。果椭圆形，熟时黑褐色。花期8月，果期翌年3～4月。株形奇特，生长较慢，从种子育苗到开花结果，

棕榈科

酒瓶椰子属

高可达3米

茎干上部细，中下部膨大如酒瓶

酒瓶椰子与万年青、变叶木的配置景观

原产毛里求斯，我国南方引种栽培

常需时20多年，每株开花至果实成熟需18个月，寿命可长达数十年。干形奇特，树冠美丽，是一种珍贵的观赏棕榈植物，适宜庭院栽植或盆栽。酒瓶椰子的胚乳，经碾碎烘蒸后所榨取的油称为椰子油，主治疥癣、冻疮。

花序三回分枝，排成圆锥花序状，生于叶腋。花小，黄绿色

在烹调中使用椰子油和将椰子油直接涂在皮肤和头发上的效果接近，都有护肤、护发的作用，只是前者的作用需要较长时间才能显现，而每天涂抹两三次，几周后即可见效。

三角椰子 *Neodypsis decaryi* 观赏树种

因叶鞘包裹部分的横切面呈三角形，而得名。常绿乔木。羽状复叶，长2.5米，小叶50～60对，细线形，灰绿色，叶柄棕褐色。喜高温、光照充足环境，要求沙质土壤。耐寒、耐旱，也较耐阴。生长适温18～28℃，

棕榈科
三角椰子属

高可达9米

茎干单生，具残存叶鞘

原产马达加斯加热带雨林，我国海南、广东等地有栽培

可耐－5℃左右低温。种子繁殖。寿命可长达数十年。株形奇特，适应性广，可植于草坪或庭园之中，观赏效果佳。

肉穗花序，有分枝，腋生，花黄绿色

叶鞘包裹树干的状况

海岸散植景观

皇后葵 *Syagrus romanzoffiana* 我国南方园林绿化树种

又称金山葵。常绿乔木。树皮呈灰色，树干表面布满不对称的环状条纹，是叶片脱落后遗留下的叶痂。羽状复叶，光亮深绿色，长达5米，每侧小叶200枚以上，长达1米，带状，围绕叶轴生出，分布较为凌乱，有如

棕榈科
皇后葵属

高可达15米

在棕榈科的家族中，绝大多数成员的主干没有分枝

原产巴西、阿根廷、玻利维亚，我国南方引种栽培

松散的羽毛，酷似皇后头上的冠饰，是其在棕榈科植物中最明显的特征。穗状花序，异花，雌花着生于基部。花期夏季，果期11月。喜温暖湿润的环境，有较强的抗风力。花粉是良好的蜜源。

花序生于叶腋，基部至中部生雌花，顶部生雄花

果近球形或倒卵形，长约3厘米，鲜时橙黄色，干后褐色

散植景观

狐尾椰子 *Wodyetia bifurcata* 优良观赏树种

因小叶披针形，轮生于叶轴上，形似狐尾而得名。常绿乔木。喜光，喜温暖湿润气候，耐旱，生长快。

20世纪70年代才被人们发现，因其植株高大挺拔，形态优美，树冠如

棕榈科

狐尾椰子属

高可达15米

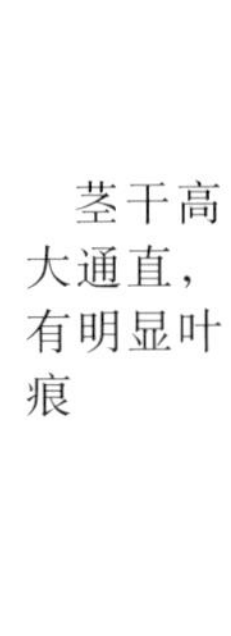

茎干高大通直，有明显叶痕

原产澳大利亚，近年我国华南地区引种栽培

伞，浓荫遍地，耐寒耐旱，适应性广，而迅速成为热带、亚热带地区最受欢迎的园林植物之一。宜作行道树或园景树。

羽状复叶全裂，长2～3米。小叶狭披针形，在叶轴上分节轮生，形似狐尾

穗状花序，分枝较多，雌雄同序，花浅绿色

果卵形，长6～8厘米，熟时橘红色至橙红色

霸王棕 *Bismarckia nobilis* 珍贵的观赏树种

常绿乔木。茎干光滑，灰绿色。雌雄异株，雄花序具4～7红褐色小花轴，长达21厘米，雌花序较长而粗。果卵球形，褐色。喜阳光充足、温暖气候与肥沃排水良好的土壤。耐旱、耐寒。植株高大壮观，树形挺拔，叶

棕榈科
霸王棕属

高可达15米

茎干单生，灰绿色，基部稍膨大

叶片巨大，掌状裂扇形，蜡质，蓝灰色

原产马达加斯加，我国华南地区引种栽培

片巨大，生长迅速，十分引人注目，在热带、亚热带地区的园林中种植，或北方温室盆栽，厅堂摆放，均有极高的观赏价值。

群植景观

菲律宾最著名的椰子景观是马尼拉的椰子宫。椰子宫的工程浩大，共使用了2 000 棵树龄在70岁以上的椰子树。

房顶用的是椰木板，柱子用的是椰子树干，墙壁是用椰子壳上毛纤维与水泥制成的“椰子砖”，大门上镶嵌着由4 000多块椰壳组成的几何形图案。餐厅里有一张10米多长的餐桌，上面居然镶嵌了4.7万块不同形状的椰壳。宫内的椰子制品不计其数。难怪菲律宾俗语说：“要能数得清天上的星星，才能数得清椰树的用处。”

袖珍椰子 *Chamaedorea elegans* 珍贵室内观叶树种

由于其株形酷似热带椰子树，形态小巧玲珑，美观别致，故得名袖珍椰子。常绿矮灌木或小乔木。袖珍椰子茎干细长直立，不分枝，深绿色，上有不规则环纹。果实卵圆形，熟时橙红色，花期3～4月。

棕榈科

墨西哥棕属

高可达3米

羽状复叶顶生，叶轴两边各具小叶11～13，裂片披针形，绿色

袖珍椰子植株小巧玲珑，株形优美，姿态秀雅，叶色浓绿光亮，耐阴性强，为美化室内的重要观叶植物，近年已风靡世界各地。能同时净化空气中的苯、三氯乙烯和甲醛，是植物中的“高效空气净化器”，非常适合摆放在室内或新装修好的居室中。

原产于墨西哥和委内瑞拉，我国南方热带、亚热带地区有栽培

肉穗花序腋生，雌雄异株，花黄色呈小球状

同属植物竹茎椰子*Chamaedorea erumpens*，丛生常绿灌木，高可达4米。羽状复叶，小叶阔披针形，先端小叶呈V形鱼尾状。肉穗花序，雌雄异株。原产美洲的热带地区，近年引进我国，生长良好。株形优美，叶色深绿，耐阴性强，既可庭院种植，又可盆栽装饰家居。

竹茎椰子的主干纤细，形似竹

竹茎椰子的浆果球形，深绿至深绿褐色

国王椰子 *Ravenea rivularis* 我国南方常见园林绿化树种

常绿灌木或小乔木。喜光照充足、水分充足的环境，也较耐阴。抗风力强，生长速度较快。树干粗壮，树形优美，叶片翠绿，排列整齐，为优美的热带风光树，宜作庭园及街道绿化树种，在北方作盆栽观赏也甚雅致。

棕榈科

国王椰子属

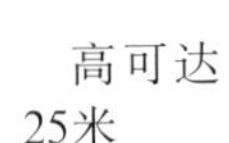
高可达25米

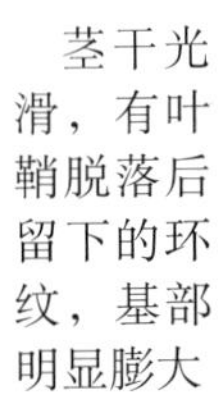
茎干光滑，有叶鞘脱落后留下的环纹，基部明显膨大

酒瓶椰子和国王椰子同为棕榈科，它们的区别在于：酒瓶椰子主干具有长2～3厘米规则的间距，国王椰子主干轮纹间距不规则；酒瓶椰子树干在地表处较细，向上渐次粗大，再向上又渐细，近茎冠处收缩如瓶颈，国王椰子主干基部膨大（较小植株茎干无膨大），向上逐渐变细；酒瓶椰子叶背3条竖脉为明显的米黄色。国王椰子叶面一条主脉凸起；酒瓶椰子和国王椰子都喜欢高温多湿的热带气候，但国王椰子较耐寒，能耐–3℃的低温。

原产马达加斯加东，我国华南地区引种栽培

羽状复叶，小叶条形，长45～60厘米

多而排列整齐的小叶

棕榈科有200余属，3 000余种。我国约有20属90余种。为热带植被典型代表之一，除提供观赏热带风光外，还有多种经济用途，如生产淀粉、油脂、食糖、药材、果品、建筑材料、生活用品（帽篮、扇、扫帚、牙签）等。

朱蕉 *Cordvline fruticosa* 常见微型观叶树种

又称红叶铁树。常绿灌木。地下部分具发达的根茎，易发生萌条。浆果圆球形，通常只有1颗种子。花期11月至翌年3月。喜温暖湿润气候及排水良好的土壤。喜光，但不耐寒，冬季室内须保持10℃以上才能越冬。朱蕉株

龙舌兰科
朱蕉属

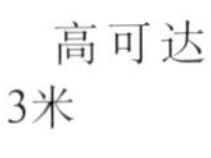

高可达3米

叶片绿色或紫红色

花坛景观

原产我国南部，越南、印度也有

形美观，叶色华丽高雅，华南城市常植于庭院观赏。长江流域及以北地区常温室盆栽观赏。朱蕉栽培品种颇多。花、叶、根可入药，用来治咯血、尿血等症。

圆锥花序腋生，长20～45厘米，分枝多数；花淡红色至青紫色

朱蕉属植物与龙血树属植物外形极为相似，它们的区别是：（1）朱蕉有粗大的地下茎（根茎），根为白色；而龙血树没有地下茎，根为黄色。（2）龙血树的切口能分泌出一种有色汁液，即所谓的“龙血”；朱蕉没有。

单叶互生，聚生茎顶，披针状长椭圆形

长花龙血树 *Dracaena angustifolia* 优良观叶植物

常绿小灌木。顶生大型圆锥花序，长达60厘米，1～3朵簇生，白色，芳香。花期3～5月，果期6～8月。喜光，喜高温多湿。不耐寒。株形优美规整，叶形、叶色多姿多彩，为室内装饰的优良观叶植物。龙血树受伤后

龙舌兰科

龙血树属

高可达4米

茎干细长丛生，茎皮灰色

1868年，著名的地理学家洪堡德在非洲俄尔他岛考察时，发现了一棵已达8 000岁高龄的龙血树老寿星。这是迄今为止知道的植物最高寿者。

产于我国云南、海南、台湾等地

会流出一种血色的液体。这种液体是一种树脂，暗红色，是一种名贵的中药，名为“血竭”，可以治疗筋骨疼痛。古代人还用龙血树的树脂做保藏尸体的原料，因为这种树脂是一种很好的防腐剂。它还是做油漆的原料。

浆果球形，橙黄色

叶集生茎顶，宽条形或倒披针形，长10～35厘米，弯垂，无叶柄

龙血树原产非洲西部，当地人传说，龙血树里流出的血色液体是龙血，因为龙血树是在巨龙与大象交战时，血洒大地而生出来的。这便是龙血树名称的由来。又由于龙血树材质疏松，树身中空，枝干上都是窟窿，不能做栋梁；烧火时只冒烟不起火，又不能当柴火，真是一无用处，所以又叫“不才树”。

香龙血树 *Dracaena fragrans* 室内观叶植物

又称巴西铁树。常绿乔木。茎干直立。树皮有明显环状叶痕。喜高温多湿和阳光充足环境。生长适温为18～24℃，冬季温度低于13℃进入休眠，5℃以下植株受冻害。土壤以肥沃、疏松和排水良好的沙质壤土为

龙舌兰科
龙血树属

高可达6米

叶簇生于茎顶，宽线形叶片，绿色，革质

香龙血树自17世纪40年代从热带非洲传入欧洲，主要栽培在英国、法国植物园的温室内。后来，才进入美洲和亚洲的植物园和公园内。

原产非洲西部的加那利群岛，我国广东、福建有栽培宜。花期3～5月，果期7～8月。

香龙血树株形优美，四季常绿或具各种色彩条纹，芳香，甚为美丽，为著名观叶树，适于庭院绿化或盆栽。

花簇生成圆锥状，白黄色，有浓香

我国香龙血树的栽培是从20世纪50年代末在云南西双版纳热带植物园引种开始，主要以园景观赏。从80年代初逐渐盛行盆栽，如今广东、福建等省的香龙血树的繁殖生产已成规模，基本满足国内市场的需求。

浆果球形，成熟后褐色

盆栽商品，销向全国

富贵竹 *Dracaena sanderiana* 优良盆栽观叶树种

又称仙达龙血树。常绿灌木。根状茎横走，结节状。伞形花序有花3～10朵生于叶腋，花冠紫色。浆果近球形，黑色。喜高温，耐阴，耐涝。抗寒力强，可耐 2 ～ 3 ℃低温。光线过强会引起叶片变黄、褪绿等现

龙舌兰科
龙血树属

高可达2米

叶互生，长披针形，叶片浓绿，生长强健

原产西非喀麦隆及刚果，我国有栽培

象。茎干挺拔，叶色浓绿，四季常青，不论盆栽或剪取茎干瓶插，均显得疏挺高洁，柔美优雅，富有竹韵，观赏价值很高，颇受国际市场欢迎。种植富贵竹具有产量高，经济效益高的优势，一年每667米^{2}产值可达3万～5万元。

从台湾流传而来的塔状造型，又名“开运竹”，深受消费者欢迎

盆栽造型

栽培品种很多。如金边富贵竹 *Dracaena sandeeriana* ‘Celica’叶边缘金黄色条纹，其他形态特征同富贵竹。

金边富贵竹叶缘的黄色斑带

凤尾丝兰 *Yucca gloriosa* 观赏树种；塞舌尔的国花

常绿灌木。叶片剑形，螺旋状密生于茎上，长40～70厘米，坚硬，挺直。蒴果椭圆状卵形，长5～6厘米，不开裂。根系发达，生命力强。花期6～10月，两次开花。喜温暖、潮湿、阳光充足，耐寒性较强。对有害

龙舌兰科
丝兰属

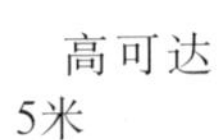

高可达
5米

丛植景
观

原产北美东部和东南部，我国广泛露地栽培

气体有一定的抗性。花色洁白，繁多的白花下垂如铃，姿态优美，花期持久，是优良的庭园观赏树木，也是鲜切花材料。叶纤维洁白、强韧、耐水湿，称“白麻棕”，可作椅垫、褥子衬料、缆绳等用。

圆锥花序，高可达1.5米，小花多而密，乳白色，顶端常带紫红晕，钟状，下垂

丝兰的花是于晚间开放的，开时放出奇香，以迎接丝兰蛾的来访。丝兰和丝兰蛾互相依存。丝兰因得丝兰蛾的传粉而受精，而丝兰蛾将卵产在子房中，卵受到子房的保护。

荷兰铁 *Yucca elephantipes* 温暖地区优良观叶树种

又称巨丝兰、象脚丝兰。常绿木本植物。茎干直立，圆柱形，有叶痕，粗壮的树干和膨大的基部，颇似大象的腿。圆锥花序，花白色或淡黄白色。

龙舌兰科
丝兰属

高可达10米

原产北美温暖地区，我国广东引种栽培

夏季开花喜阳光也耐阴，耐旱，耐寒力强。生长适温为15～25℃，越冬温度为0℃。适应性强，生命力旺盛。

叶剑形，密集生于枝顶，长50～80厘米，深绿色，革质

荷兰铁花枝

荷兰铁株形规整，茎干粗壮，叶片坚挺翠绿，极富阳刚、正直的气质，作中、小盆栽，布置会议室、大厅、走廊过道等处，可营造庄重、严肃的气氛；盆栽的幼小植株放于书架、办公桌上，也极受欢迎。它还是一种对多种有害气体，如一氧化碳、氯气、氨气等具有较强吸收能力的植物，在污染较重的地区应大力推广种植。

酒瓶兰 *Beaucarnea recurvata* 珍贵的观叶树种

因主干直立，下部肥大，状似酒瓶，故得名。又称象腿树。常绿小乔木。膨大的茎干具有厚木栓层的树皮，呈灰白色或褐色。圆锥花序顶生，花小，白色。喜阳光，即使酷暑盛夏，在骄阳下持续曝晒，叶片也不会灼

龙舌兰科
酒瓶兰属

高可达10米

茎干不分枝，基部膨大，老株表皮龟裂，状似龟甲，颇具特色

原产墨西哥西北部，现我国长江流域广泛栽培

伤，但不耐寒。喜肥沃土壤，在排水通气良好、富含腐殖质的沙质土壤上生长较佳。盆栽宜用肥沃的沙质土。其叶片顶生而下垂似伞形，婆娑而优雅，无论用于庭院种植还是室内布置，都给人以新颖别致的感受。

叶集生茎顶端，线状披针形，长150厘米，蓝绿色或灰绿色，常向下弯垂

盆栽效果

盆栽效果

图说千种树木中文名汉语拼音索引（全6册）

【说明】在本索引中，树木中文名后的数字分别代表树木所在的册数和页数。如“阿月浑子 4–116”，4代表第四册，116代表第116页。

Z

树木中文名笔画索引（全6册）

【说明】在本索引中，树木中文名后的数字分别代表树木所在的册数和页数。如“一品红 4—88”，4代表第四册，88代表第88页。

五画

六画

七画

八画

九画

十二画

十三画

十四画

十五画

十六画

十七画

十八画

二十画

二十一画

树木拉丁文名称索引（全6册）

【说明】在本索引中，树木拉丁文名后的数字分别代表树木所在的册数和页数。如“*Abelia chinensis 6-82*”，6代表第六册，82代表第82页。

A

B

D

E

F

G

H

I

Q

R

S

T

参考文献

1. 中国科学院植物研究所.中国高等植物图鉴（1～5册）.北京：科学出版社，1972,1976.

2. 郑万钧.中国树木志（1～4卷）.北京：中国林业出版社，1983,1985,1997,2004.

3. 纪殿荣，孙立元，刘传照.中国经济树木原色图鉴（Ⅰ，Ⅱ）.哈尔滨：东北林业大学出版社，2000.

4. 王志刚，纪殿荣，冯天杰，杜克久.中国经济树木原色图鉴（Ⅲ，Ⅳ）.哈尔滨：东北林业大学出版社，2006.

5. 赵天泽，纪殿荣，吴京民等.中国花卉原色图鉴（Ⅰ～Ⅲ）.哈尔滨：东北林业大学出版社出版，2009.

6. 白顺江，纪殿荣，黄大庄.树木识别与应用.北京：农村读物出版社，2004.

7. 张天麟.园林树木1600种.北京：中国建筑工业出版社，2010.

8. 贺士元.河北植物志（1～3卷）.石家庄：河北科学技术出版社，1986,1989,1991.

9. 任宪威.汉拉英中国木本植物名录.北京：中国林业出版社，2003.

10. 华北树木志编写组.华北树木志.北京：中国林业出版社，1984.

11. 楼炉焕.观赏树木学.北京：中国农业出版社，2000.

中国古树名木

树种	名状	产地
水杉	中国特有树种	湖北利川
银杉	植物界的“大熊猫”“活化石”	广西桂林、湖南新宁
珙桐	中国鸽子树、活化石	四川峨眉山、湖南张家界
金花茶	植物界的“大熊猫”	广西南宁
秃杉	世界珍稀植物	中国台湾、湖北、贵州
望天树	最高大的阔叶乔木，高达80米	云南西双版纳
银杏	最长寿的树木，树龄3 000多年	山东莒县定林寺
黄陵古柏	传说已有5 000年树龄	陕西省黄陵县
红桧	阿里山神木，据说有3 000年树龄	台湾
柏树	称作“周柏齐年”，有3 000多年	山西太原
桧柏	传为孔子所植，距今2 400余年	山东曲阜
罗汉松	据说是杜甫亲手所植	四川成都草堂

（续）

树种	名状	产地
油松	乾隆皇帝封为“遮荫侯”	北京北海公园团城
胡杨	沙漠英雄”，“胡杨王”	新疆塔里木盆地
樟树	树高30多米，胸径6.6米，树龄2 000多年	广西全州
杉木	为“杉木魁首”“神木”，高45米，胸径7.6米	贵州习水县
铁坚杉	孑遗植物，我国特产，树高36米	湖北神农架
巨柏	树高50米，胸径4.75米，树龄2 000多年	西藏林芝县
榕树	榕村桥	广东顺德县
铁桦树	世界上最硬的树木，比普通钢铁硬1倍	中国与朝鲜接壤地区
鹅掌楸	叶子似马褂，又似鹅掌	中国华中、华东、华北地区
白花泡桐	世界桐类树之王，高44米，胸径1.34米	四川酉阳县
槐树	清乾隆皇帝题字“古柯庭”，树龄1 000多年	北京北海公园
茶树	人称“茶树王”，高13米，胸径3.2米	云南普洱县

图书在版编目（CIP）数据

图说千种树木.6/孟庆武，纪殿荣，黄大庄主编
.— 北京：中国农业出版社，2014.6
ISBN 978-7-109-18941-6

Ⅰ. ①图… Ⅱ. ①孟… ②纪… ③黄… Ⅲ. ①木本植物–中国–图集 Ⅳ. ①S717.2-64

中国版本图书馆CIP数据核字(2014)第035306号

中国农业出版社出版
（北京市朝阳区农展馆北路2号）
（邮政编码 100125）
责任编辑 胡 键

北京缤索印刷有限公司印刷 新华书店北京发行所发行
2014年6月第1版 2014年6月北京第1次印刷

开本：889mm×1194mm 1/32 印张：6.75
字数：220千字
定价：56.00元